C. SCHMID

Leitfaden Erwachsenenherzchirurgie

Zweite, überarbeitete und erweiterte Auflage

MIT 17 FARBIGEN ABBILDUNGEN UND 15 TABELLEN

STEINKOPFF
DARMSTADT

Prof. Dr. med. Christof Schmid
Klinik und Poliklinik für Thorax-, Herz- und Gefäßchirurgie
Universität Münster, Albert-Schweitzer-Straße 33
D-48129 Münster

ISBN 3-7985-1561-1 Steinkopff Verlag Darmstadt

Bibliografische Information Der Deutschen Nationalbibliothek
Die Deutsche Nationalbibliothek verzeichnet diese Publikation in der Deutschen Nationalbibliografie; detaillierte bibliografische Daten sind im Internet über http://dnb.d-nb.de abrufbar.

Steinkopff Verlag Darmstadt
ein Unternehmen von Springer Science+Business Media

www.springer.steinkopff.de

Redaktion: Dr. Annette Gasser Herstellung: Klemens Schwind
Zeichnungen: Angela Haas
Umschlaggestaltung: Erich Kirchner, Heidelberg
Satz: K+V Fotosatz GmbH, Beerfelden

SPIN 11557135 85/7231-5 4 3 2 1 0 – Gedruckt auf säurefreiem Papier

Vorwort zur 2. Auflage

Knapp und prägnant, aber doch wissenschaftlich fundiert und mit den entsprechenden Literaturstellen versehen soll der „Leitfaden Erwachsenenherzchirurgie" in die Kitteltasche eines Assistenten passen. Bewusst kurz gehalten wurde daher der diagnostische Bereich, da er eine Domäne der Kardiologie ist. Der inhaltliche Schwerpunkt liegt in der Indikationsstellung, dem operationstechnischen Vorgehen und den zugrunde liegenden anatomisch-pathologischen Veränderungen sowie den Komplikationen und Problemen im Langzeitverlauf. Als Hilfe bei der Aufklärung der Patienten wurden Ergebnisse und Komplikationen auch in Zahlen zusammengefasst. Neu in der 2. Auflage sind das Kapitel Endokarditis und die Abschnitte zum minimal invasiven Klappenersatz sowie zu endo- und epikardialen Ablationstechniken. Erweitert wurde der Abschnitt der Aortenchirurgie.

Angelehnt an die Münsteraner Herzchirurgie erhebt das Buch keinen Anspruch darauf, alle chirurgischen Optionen in ihrer Wertigkeit korrekt darzustellen, da für weite Bereiche der Herzchirurgie bislang mehr Individualität als Standards vorherrschen. Vieles bleibt dem „Künstler" überlassen, so lange das Ergebnis stimmt. Nichtsdestotrotz freue ich mich über die große Verbreitung der 1. Auflage und über den Ruf nach einer Neuauflage, dem ich gerne nachgekommen bin.

Da das Buch der Weiterbildung dienen soll, und damit pädagogischen Kriterien standhalten muss, ist konstruktive Kritik jederzeit herzlich willkommen. Nur durch ein entsprechendes Feedback kann das Buch verbessert werden.

Münster, im August 2006 — CHRISTOF SCHMID

Geleitwort zur 1. Auflage

Dieses Buch reflektiert das herzchirurgische Vorgehen am Universitätsklinikum Münster. Das Gebiet der Herzchirurgie ist in einem ständigen Fluss – es ist gewachsen und unsere Behandlungsfälle werden immer komplexerer Natur. Vor diesem Hintergrund war es wichtig, ein echtes Taschenbuch für die jüngeren Assistenten zu schreiben.

Mein Dank gilt daher Herrn Professor Dr. Schmid, der sich die Zeit genommen hat, dem herzchirurgischen Nachwuchs dieses Buch als Leitfaden an die Hand zu geben. Es soll dem Anfänger helfen, den klinischen Alltag zu meistern, und gehört daher in die Kitteltasche eines jeden Assistenten, der sich in der herzchirurgischen Ausbildung befindet.

Besondere Aufmerksamkeit hat der Autor auch nützlichen Literaturstellen gewidmet, durch die der Leser durch weitere Studien sein Wissen vertiefen kann. Das Buch soll dem angehenden Herzchirurgen auch die besonderen Operationstücken vor Augen führen. Naturgemäß sind die inhaltlichen Schwerpunkte der Herzchirurgie gewidmet; Kardiologie, Diagnostik und ebenso das perioperative Management sind bewusst kurzgehalten, um den Rahmen nicht zu sprengen. Wert gelegt wurde auch besonders auf die historischen Erstbeschreiber der verschiedenen Operationsverfahren, die nahezu alle mit ihrer Originalarbeit zitiert wurden.

Der Band wendet sich in erster Linie an alle herzchirurgischen Mitarbeiter im ärztlichen Bereich, will aber auch gerne die Mitarbeiter der Nachbardisziplinen und der Krankenpflege ansprechen, Verbesserungsvorschläge für die nächste Auflage nehmen wir dankbar entgegen.

Herzlicher Dank und Anerkennung gebührt Frau Angela Haas für die hervorragenden Abbildungen und den Kollegen, die durch ihre Überarbeitungsvorschläge wesentlich zum Gelingen des Buches beigetragen haben.

Münster, im Februar 2002 H. H. SCHELD

Inhaltsverzeichnis

Kapitel 1

Extrakorporale Zirkulation und Myokardprotektion

Nahezu alle herzchirurgischen Eingriffe erfordern den Einsatz der extrakorporalen Zirkulation in Form einer Herz-Lungen-Maschine. Ihre Aufgabe besteht darin, das venöse Blut zu sammeln und mit Sauerstoff anzureichern, und nachfolgend das arterialisierte Blut wieder dem Körper zurückzuführen. Die erste Maschine, die Blut ohne Unterbrechung des Blutflusses oxygenieren konnte, wurde von von Frey u. Gruber [149] bereits 1885 konzipiert. Die Idee, diese Technik für die Herzchirurgie zu nutzen, wird Brukhonenko [19] zugeschrieben, zum klinischen Einsatz kam sie aber erst 1953 durch Gibbon [79].

In den gegenwärtigen Herz-Lungen-Maschinen-Systemen erfolgt die venöse Dränage passiv, d.h. durch Schwerkraft (Höhe des venösen Reservoirs im Vergleich zum Patienten), oder aktiv durch Sog (maximal 60 mmHg). Das sich im venösen Reservoir sammelnde Blut wird über eine Roller- oder Zentrifugalpumpe einem Membranoxygenator zugeführt und gelangt nach Passage eines 40-µm-Filters zur arteriellen Kanüle. Angestrebt wird ein Pumpvolumen von 2,4 $l/min/m^2$. Aufgrund der zerebralen Autoregulation, welche die Durchblutung des Gehirns bei einem arteriellen Blutdruck von 50–150 mmHg weitgehend konstant hält, und der Senkung des Hirnstoffwechsels um bis zu 40% unter Narkose ist bei Normothermie oder leichter Hypothermie ein Perfusionsdruck von 40–60 mmHg sinnvoll. Bei älteren Hypertonikern und bei Patienten mit erheblichen Karotisstenosen ist man allerdings geneigt, den Perfusionsdruck höher zu halten, um zerebralen ischämischen Komplikationen besser vorzubeugen.

Mit der Herz-Lungen-Maschine ist in der Regel ein Wärmeaustauscher verbunden, der ein Abkühlen und Wiedererwärmen des Patienten erlaubt. Zwischen 22 und 37°C bleibt die zerebrale Durchblutung wiederum aufgrund der Autoregulation weitgehend konstant, unter 22 °C fällt sie bis auf 15% ab. Daher kann die Flussrate der Herz-Lungen-Maschine ab einer Temperatur von 28°C auf etwa 1,5 $l/min/m^2$ und bei noch tieferen Temperaturen noch weiter gesenkt werden.

Die Nebenwirkungen der extrakorporalen Zirkulation sind mannigfaltig. Ihr Einsatz bedingt eine Vollheparinisierung, eine Hämodilution, einen nichtpulsatilen Fluss sowie eine Hypothermie. Blut erhält Kontakt zu nichtepithelialen Oberflächen, insbesondere im Oxygenator, und ist abnormen Scherkräften ausgesetzt. Hierdurch werden alle korpuskulären Blutelemente und Proteine mehr oder weniger in Mitleidenschaft gezogen. Klinisch bedeutsam sind die Hämolyse der Erythrozyten, die Degranulierung und Verklumpung der Thrombozyten, wodurch deren Zahl und Integrität abnehmen, die Stimulation der Gerinnungs- und Fibrinolysekaskaden, die Aktivierung des Komplementsystems sowie die Freisetzung inflammatorischer Substanzen, welche zu einem SIRS („systemic inflammatory response syndrome") führen können (Postperfusionssyndrom). Welchen Stellenwert die nichtpulsatile Perfusion hat, ist bislang unklar. Es wird vermutet, dass ein pulsatiler Fluss, der aber nur mit wenigen Herz-Lungen-Maschinen möglich ist, zu einer geringeren Vasokonstriktion und damit besseren Mikrozirkulation und zu einer verminderten Ödemneigung führt.

1.1 Antikoagulation

Normalerweise erfolgt sie mit Heparin mit 300–400 IE/kg entsprechend einer Vollheparinisierung. Intraoperativ wird sie durch die ACT („activated clotting time") gesteuert, wobei 350–450 s als ausreichend angesehen werden. Nach Beendigung der extrakorporalen Zirkulation erfolgt eine 1:1-Antagonisierung des Heparins mit Protamin, die ACT normalisiert sich auf Werte von etwa 120 s.

Patienten mit einem HIT-II-Syndrom (heparininduzierte Thrombozytopenie) dürfen kein Heparin erhalten, da sie Antikörper haben, welche Thrombozyten in Gegenwart von Heparin oder anderen hoch sulfatierten Oligosacchariden aktivieren. In 75% der Fälle ist der Heparinplättchenfaktor 4 (H-PF4) das ursächliche Antigen. Der Antikörper, zumeist ein IgG, erkennt den H-PF4 und aktiviert die Thrombozyten über den Fc-Rezeptor, wodurch die Thrombozytenaggregation entsteht. Typischerweise treten nach 4–14 Tagen ein Abfall der Thrombozyten (in der Regel ≪100 000/µl) und Thrombembolien auf. Eine Antikoagulation ist bei uns derzeit nur mit einem Antifaktor Xa-Präparat (Danaparoid, Orgaran®) und mit direkten Thrombininhibitoren (Lepirudin, Refludan®, und Argatroban, Argatra®) möglich. Die ersten beiden Substanzen sind aufgrund ihrer langen Halbwertszeiten schlecht steuerbar. Das Argatroban hat eine Halbwertszeit von nur 52 min. Bei allen 3 Substanzen ist eine dem Heparin vergleichbare Antagonisierung nicht möglich. Vermehrte Blutungskomplikationen sind die Folge. Beim Orgaran können lediglich Faktor-Xa-Spiegel (angestrebt: 1,2–1,5 antiFXa-E/ml) bestimmt werden, während Hirudinderivate nur durch eine Bestimmung der Ecarinzeit gut steuerbar sind. Eine Steuerung der Hirudinderivate mittels PTT wird zwar vielerorts versucht, die Ergebnisse sind aber nicht zufrieden stellend. Argatroban kann ebenfalls über die PTT gesteuert werden, weswegen die noch junge Substanz – auch aufgrund ihrer kurzen Halbwertszeit – vermutlich in Zukunft bevorzugt wird.

Haben die Patienten lediglich eine HIT-II-Anamnese, aber aktuell keine Antikörper, kann die Operation mit Heparin durchgeführt und so das Blutungsrisiko gemindert werden. Da es dadurch zu einer erneuten Antikörperbildung kommt, muss unmittelbar postoperativ auf eine alternative Antikoagulation gewechselt werden.

Weitere problematische Situationen, die ein höheres Blutungsrisiko bedingen, sind eine präoperative Azetylsalizylsäureeinnahme oder -gabe (z.B. beim PTCA-Versuch) oder eine Medikation mit GP-IIb/IIIa-Inhibitoren. Auch wenn sich eine deutlich erhöhte Blutungsneigung nicht bei allen Patienten manifestiert, ist es vorteilhaft - sofern möglich - präoperativ abzuwarten, bis deren Wirkungen abgeklungen sind. Bei Azetylsalizylsäurepräparaten ist ein Absetzen 5–7 Tage vor der Operation meist ausreichend, als Kontrollparameter dient eine Normalisierung der Blutungszeit. Notfalleingriffe lassen sich jedoch meist mit einem akzeptablen Blutungsrisiko durchführen.

Bei so genannten heparinisierten Systemen ist keine Heparinisierung notwendig. Das Heparin ist an der Innenfläche der blutleitenden Elemente, d.h. der Kanülen, Schläuche, Oxygenatoren und Filter, kovalent (zumeist mit Hilfe des Carmeda-Prinzips) gebunden und kann bis zu mehreren Monaten wirksam bleiben, ohne dass eine systemische Antikoagulation eintritt. Fälle einer HIT-Entstehung sind nicht bekannt. Allerdings sind diese Systeme teurer und werden deshalb nicht routinemäßig eingesetzt.

Über die Problematik exzessiver Thrombozytosen existieren kaum verlässliche Angaben, jedoch sind erfolgreiche Herzoperationen mit Herz-Lungen-Maschine trotz exzessiver Thrombozytenzahlen beschrieben.

1.2 Kanülierung

Normalerweise wird nach Vollheparinisierung zuerst die arterielle Kanüle in die Aorta ascendens eingebracht, am besten kleinkurvaturseitig gegenüber dem Abgang des Truncus brachiocephalicus (Schlauchgröße 3/8 Zoll). Sie wird durch 2 in der Adventitia gestochene Tabaksbeutelnähte, die auch filzverstärkt sein können, gesichert. (Transmurale Stiche führen zu Hämatomen und Blutungen!) Ist die Aorta ascendens verkalkt, disseziert oder aus anderen Gründen nicht angehbar, wird in der Regel eine Femoralarterie kanüliert. In der Aneurysmenchirurgie hat sich auch die Verwendung des Truncus brachiocephalicus und insbesondere auch der rechten A. subclavia empfohlen, da hierdurch sehr einfach eine antegrade Zerebralperfusion möglich ist (s. Kapitel 5). Bei aortaler Kanülierung können beliebige Kanülen verwendet werden. Femoral eignen sich v.a. gerade Kanülen, die über eine quere Arteriotomie eingebracht werden. Um eine ischämische Schädigung der betroffenen Extremität zu vermeiden, wird die Femoralarterie distal der Kanülierungsstelle mit einer dünnen Kanüle, die über einen Seitenarm der Femoralkanüle gespeist wird, perfundiert. Bei der Subklaviakanülierung, bei der ebenfalls eine Extremitätenischämie entstehen kann, wird dagegen zumeist eine Dacronprothese der Größe 8 mm End-zu-Seit anastomosiert und nachfolgend die arterielle Kanüle dort eingeknotet.

Als nächstes folgt die venöse Dränage, in der Regel über den rechten Vorhof (Schlauchgröße 1/2 Zoll). Werden die Herzhöhlen nicht eröffnet oder nur im Bereich des linken Herzens operiert, genügt eine so genannte 2-Wege-Kanüle, die über das rechte Herzohr eingebracht wird und beide Hohlvenen dräniert. Soll die rechte Herzseite eröffnet werden oder liegt ein Shuntvitium vor, werden beide Hohlvenen separat kanüliert, mit einem Nabelbändchen umschlungen und über eine Drossel (Tourniquet) verschlossen (Tabelle 1). In beiden Hohlvenen sind rechtwinklige Kanülen am wenigsten störend. Die Kanüle für die obere Hohlvene kann an der Basis des Herzohrs, d.h. über den rechten Vorhof, eingebracht werden (lange Spitze möglich), die obere Hohlvene kann aber auch direkt kanüliert werden (kurze Spitze notwendig). In beiden Fällen muss darauf geachtet werden, dass der Sinusknoten nicht verletzt wird und die Tabaksbeutelnaht nach Entfernen der Kanüle zu keiner Stenosierung der oberen Hohlvene führt. Letzteres wird am besten durch eine längsovalär angelegte Tabaksbeutelnaht erreicht. Die optimale Kanülierungsstelle für die untere Hohlvene befindet sich 1 cm oberhalb des Zwerchfells, mehr lateral als anterior gelegen. Hier kann eine gewinkelte oder eine gerade Kanüle verwendet werden. Die Verwendung eines venösen Sogs zur Optimierung der Dränage hat mehrere Vorteile:

1. Der rechte Vorhof und der rechte Ventrikel werden besser entleert.
2. Es können um 25% kleinere Kanülen gewählt werden.
3. Bei einer kleinen Eröffnung des rechten Vorhofs wird die extrakorporale Zirkulation nicht durch einen Luftblock gestoppt.

Tabelle 1. Größe der arteriellen und venösen Kanülen (ohne Sog) in French (1 F = 1/3 mm Außendurchmesser)[1]

Körperoberfläche [m^2]	Arteriell [F]	Venös [F]	
		2-Wege	Doppelt
1,0–1,2	18	40×32	24×26
1,3–1,4			26×28
1,5–1,6	20		28×30
1,7–1,8			30×32
1,9–2,0			32×34
		46×34	
2,1–2,2			34×36
	24		
2,3–2,6			36×36

4. Eingriffe an der Pulmonalarterie sind sogar mit einer 2-Wege-Kanüle möglich.

Für die Zufuhr der Kardioplegielösung genügt im Prinzip eine einfache scharfe großlumige Kanüle. Alternativ können spezielle Kardioplegiekatheter über eine (Matratzen-)Naht fixiert werden. Sie weisen oftmals einen Seitenarm auf, der eine aortale Druckmessung unter Kardioplegiegabe und später eine Dränage und eine Entlüftung der Aortenwurzel erlaubt. Bei retrograder Kardioplegiegabe wird ein Ballonkatheter ventral der venösen Kanüle über eine Tabaksbeutelnaht in den Koronarsinus eingebracht. Hierbei kann zwischen selbstblockbaren Kathetern, bei denen sich der Ballon von selbst bläht, und solchen, bei denen dies manuell mit Hilfe einer luftgefüllten Spritze erfolgt, gewählt werden. Das Einbringen des Kardioplegiekatheters ist einfach und selbst bei ausschließlicher Freilegung des rechten Her-

[1] 1 French = 1 Charriere (benannt nach Josephe Charrière, einem französischen Messerschmied, der chirurgische Instrumente entwickelte. Die Bezeichnung French, entstand in den USA, da die Amerikaner Schwierigkeiten haben, Charrière auszusprechen)

zens im Rahmen von Reeingriffen möglich (Tabaksbeutelnaht nicht zu tief anlegen, am besten etwa 5 cm oberhalb des Zwerchfells!). Die korrekte Lage des Katheters wird am einfachsten durch Palpation kontrolliert (Der Ballon bzw. der Katheter lassen sich unterhalb des linken Herzohrs tasten). Nur in seltenen Fällen gelingt die Einlage eines Koronarsinuskatheters nicht. Dann liegt entweder ein Chiari-Netz vor – Reste der embryologisch vorhandenen großen rechten Klappen des Sinus venosus, welche das Koronarsinusostium verlegen – oder das Ostium ist außergewöhnlich klein. Nach Initiierung der extrakorporalen Zirkulation muss sich weiterhin ein Rückfluss über den Katheter trotz venöser Dränage und niedrigem ZVD zeigen. Während der retrograden Gabe von Kardioplegielösung kann das Herz auch etwas luxiert werden, wobei prall gefüllte Venen einschließlich der parallel zum R. interventricularis posterior verlaufenden V. cordis media sichtbar sein müssen.

Die Einlage eines so genannten Linksvents bietet mehrere Vorteile. Er verhindert eine Überdehnung des Herzens bzw. linken Ventrikels, die äußerst gefährlich sein kann. Beim linksseitigen Klappenersatz wird das Operationsgebiet zunächst blutarm gehalten und später eine bessere Entlüftung ermöglicht. Standardzugang ist die rechte obere Lungenvene, alternativ kann, insbesondere in Notfallsituationen, eine Einlage in die Spitze des linken Ventrikels über eine Stichinzision erfolgen. Auch eine Venteinlage in den Pulmonalarterienhauptstamm ist möglich.

1.3 Kardioplegie

Am einfachsten kann an einem stillgestellten Herzen operiert werden. Darüber hinaus senkt ein elektromechanischer Stillstand des Herzens den myokardialen Sauerstoffverbrauch um etwa 90% (Abb. 1). Daher wurde schon sehr früh versucht, einen reversiblen Herzstillstand zu induzieren. Effler et al. [64] gelang dies 1955 mit Hilfe kaliumreicher Lösungen, die auch heute noch Grundlage der St.-Thomas-Lösung sind. Blutkardio-

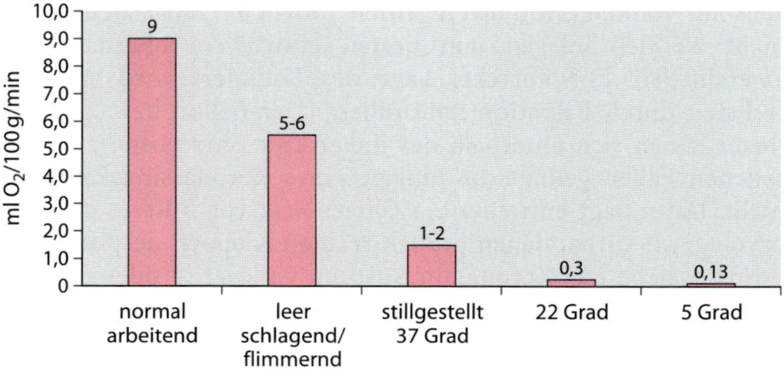

Abb. 1. Myokardialer O_2-Verbrauch [71]

plegie wurde erstmals 1955 von Melrose et al. [116] angewendet. Schon 1956 setzte sie Lillehei et al. [110] retrograd bei einer Aortenklappenoperation ein, aber erst 1978 nach den umfangreichen Untersuchungen von Buckberg [71] erreichte sie eine breite Anerkennung. (Der Begriff „Kardioplegie" stammt von Lam et al. [106] aus dem Jahr 1957).

Kardioplegische Lösungen führen zu einer Unterbrechung der mechanischen und elektrischen Funktionsabläufe am Herzen, wodurch dieses in der Diastole stehen bleibt und die energiereichen Phosphate erhalten werden. Hinsichtlich der Trägermedien werden kristalloide und kolloidale sowie Blutkardioplegielösungen unterschieden. Sie sind jeweils aus mehreren Bestandteilen zusammengesetzt, um entsprechend gewünschte Effekte zu erzielen: Kaliumchlorid führt in einer Konzentration von 20–30 mmol/l über eine Membrandepolarisation zu einem schnellen diastolischen Herzstillstand; Magnesiumionen blockieren kalziumabhängige intrazelluläre Prozesse durch eine kompetitive Hemmung der Kalziumrezeptoren und wirken damit ebenfalls kardioplegisch; geringe Kalziumgaben (0,5 mval/l) vermeiden die Gefahr eines Kalziumparadoxphänomens in der Reperfusionsphase; Puffer wie der Histidinpuffer neutralisieren die während der Ischämiephase anfallenden sauren Stoffwechselprodukte; Antioxidanzien wie das Glutathion verhindern die Produktion freier Sauerstoffradikale; osmotisch wirksame Substanzen wirken der interstitiellen und intrazellulären Ödembildung entgegen; das Blut der Blutkardioplegielösung fungiert als optimaler Sauerstoff- und Substratlieferant.

Art und Applikation der Kardioplegielösung sind mittlerweile mehr Philosophie als evidenzbasierte Medizin. Unbestritten ist jedoch die Verwendung einer Kardioplegie im Vergleich zu einer intermittierenden Ischämie durch Abklemmen der Aorta ascendens vorteilhaft, wobei Blutkardioplegie vermutlich am besten ist. Für einfache Eingriffe wie aortokoronare Bypassoperationen ist etwa 1 l (10–15 ml/kg) einer 4°C kalten, antegrad verabreichten asanguinösen Kardioplegielösung (St.-Thomas-Lösung, Brettschneider-Lösung, University-of-Wisconsin-Lösung) in der Regel ausreichend, wodurch die Myokardtemperatur auf 10–15°C absinkt. Üblicherweise gelangt die Kardioplegielösung nach Passage des Herzens in den Kreislauf der extrakorporalen Zirkulation. Bei separater Kanülierung der Hohlvenen kann sie aber auch abgesaugt werden, um einer zu starken Hämodilution und Hyperkaliämie entgegenzuwirken. Bei längeren Ischämiezeiten werden zusätzliche Gaben von Kardioplegielösung nach Zeitintervallen von 20–30 min (oder auch eine kontinuierliche Gabe über die freien Bypasstransplantate) empfohlen.

Blutkardioplegielösung, antegrad, retrograd oder kombiniert appliziert, ist bei ausgedehnteren Eingriffen vorteilhaft. Hierbei wird zunächst eine kaliumreiche Induktionslösung appliziert, gefolgt von einer kaliumärmeren Erhaltungslösung (Mischungsverhältnis mit Blut 1:4). In der Regel wird eine gekühlte Blutkardioplegielösung verwendet, die eine Asystolie initiiert, durch Hypothermie den Sauerstoffbedarf reduziert und ein Milieu schafft, in dem zwischen den Reinfusionen ein anaerober Metabolismus möglich ist. Reinfusionen erfolgen etwa alle 20 min und dienen dazu, die Asystolie aufrechtzuerhalten, die Hypothermie zu erhalten, eine Azidose zu puffern, saure Stoffwechselprodukte auszuwaschen, energiereiche Phosphate zu erneuern, Substrate zu ersetzen und dem Myokardödem entgegenzuwirken. Normothermie und Verwendung warmer Blutkardioplegielösung dienen der Wiederbelebung des vorgeschädigten Myokards. Sie haben den theoretischen Vorteil, dass die zellulären Enzymsysteme weniger geschädigt werden, sodass ein geringeres Zellödem und weniger Gerinnungsstörungen die Folge sind. Außerdem sollen sich die Patienten leichter von der Herz-Lungen-Maschine entwöhnen lassen und dabei häufiger einen Sinusrhythmus aufweisen. Angesichts der jahrelangen Erfahrung mit Hypothermie sollte man jedoch im Zweifelsfall kalte Kardioplegielösungen bevorzugen. Ein so genannter „hot shot" besteht aus einer warmen Kardioplegielösung, die unmittelbar vor Entfernung der Aortenklemme gegeben wird, um so einem Reperfusionsschaden entgegenzuwirken.

Eine retrograde Gabe der Kardioplegielösung ist insbesondere bei hochgradigen Koronarstenosen, bei Aortenvitien und bei transseptaler Mitralchirurgie ratsam. Sie führt bei Bypassoperationen mit hochgradigen Koronarstenosen oder Koronarverschlüssen zu einer gleichmäßigeren Kühlung und damit besseren Protektion des Herzens, bei Reeingriffen reduziert sie darüber hinaus die Gefahr atheromatöser Embolien aus den alten Bypassgefäßen. Der Vorteil retrograder Kardioplegie bei Klappenvitien liegt darin, dass eine kontinuierliche Gabe problemlos möglich bzw. der Koronarsinus bei Eröffnen des rechten Vorhofs leicht zugänglich ist. Allerdings muss die Aorta ascendens entlastet werden, damit das aus den Koronarostien sickernde Blut abfließen kann. Der Perfusionsdruck bei retrograder Gabe von Kardioplegielösung sollte bei 20–40 mmHg liegen, da bei zu hohen Drücken der Koronarsinus rupturieren kann. (Lässt sich kein Perfusionsdruck aufbauen, können gestaute Koronarvenen und eine beginnende Abkühlung des Myokards dennoch eine regelrechte retrograde Perfusion anzeigen.)

1.4 Hypothermie

Kälte schützt das Herz, wie seit langem bekannt. Bei einer Absenkung der Herztemperatur sinkt der myokardiale Metabolismus pro 10°C um 50% (Van't-Hoff-Regel). Bigelow et al. [11] schlugen bereits 1950 den Einsatz der Hypothermie in der Herzchirurgie vor und führten zahlreiche Experimente durch. Sie wurde erstmals 1953 von Lewis u. Taufic [108] eingesetzt, und zwar zum Verschluss eines Vorhofseptumdefekts ohne Herz-Lungen-Maschine. Das Prinzip der Oberflächenkühlung durch Irrigation mit kalter Kochsalzlösung wurde 1959 von Shumway et al. [139] in die Klinik eingeführt.

Einfache Koronareingriffe bedürfen jedoch keiner aktiven Hypothermie. Es reicht aus, das Herz bzw. den Körper auskühlen zu lassen und zum Ende der Ischämieperiode wieder aufzuwärmen. Wird eine Ischämiezeit >1 h erwartet, ist eine milde Hypothermie von etwa 30°C empfehlenswert. Bei Ischämiezeiten bis zu und über 2 h sollte der Patient auf unter 28°C gekühlt werden.

Mit der Herz-Lungen-Maschine wird etwa 1°C/min abgekühlt. Bei zu schnellem Kühlen können sich Gasbläschen bilden und zu Embolien führen, insbesondere bei einem $pO_2 > 200$ mmHg. Aus diesem Grund sollte der Temperaturunterschied zwischen dem Patienten und dem gekühlten Blut 10°C nicht überschreiten. Bei besonders großer Temperaturabsenkung, z.B. einer Einleitung einer tiefen Hypothermie auf <20°C für Aortenbogeneingriffe, ist die Gabe eines α-Blockers (z.B. Phentolamin) vorteilhaft, da dieser eine gleichmäßigere und schnellere Temperaturabsenkung ermöglicht. Bei diesen tiefen Temperaturen wird ein Kreislaufstillstand bis zu 45 min relativ problemlos toleriert. Nachteile insbesondere der tiefen Hypothermie sind eine stärkere postoperative Blutungsneigung und eine vermehrte Ödembildung des Herzens.

Das Wiedererwärmen sollte noch vorsichtiger als das Abkühlen erfolgen, da hierbei die Gefahr von Gasembolien noch größer ist. Generell sollte die Temperatur im Wärmeaustauscher nie über 40°C liegen und das Aufwärmen für 1°C etwa 3–5 min betragen.

Für das pH- und pCO_2-Management gibt es 2 Möglichkeiten: Bei tieferer Körpertemperatur fällt der pCO_2 ab und der pH steigt an, und zwar um 0,017/°C, d.h. bei 25°C liegt der pH bei 7,6. Bei der *α*-stat-Methode werden diese Veränderungen nicht ausgeglichen („scheinbare Alkalose"), während dies bei der pH-stat-Methode durch vermehrte CO_2-Gabe der Fall ist („relative Azidose"). Die *α*-stat-Methode entspricht dem Regulationstyp poikilothermer Tiere (Kaltblüter) und ist dadurch charakterisiert, dass der Ionisationsgrad (*α*) wichtiger Enzyme erhalten bleibt. Sie erscheint somit physiologischer und wird überwiegend praktiziert. Der Vorteil der pH-stat-Methode, die der Regulation bei Winterschläfern entspricht, liegt in der besseren zerebralen Durchblutung aufgrund der CO_2-vermittelten Vasodilatation. Sie wird teilweise in der Kinderherzchirurgie bevorzugt.

1.5 Beendigung der extrakorporalen Zirkulation

Nachdem die geplanten Maßnahmen am Herzen durchgeführt wurden, kann der Patient von der extrakorporalen Zirkulation entwöhnt werden. Hierzu muss er wieder auf mindestens 34°C aufgewärmt sein und der Intravasalraum bzw. das Herz durch Drosselung des venösen Abflusses aufgefüllt werden. Die Kontraktilität des Myokards wird durch den Chirurgen visuell und durch den Anästhesisten mit Hilfe der transösophagealen Echokardiographie beurteilt. Ist die Kontraktilität inadäquat, muss sie durch die Applikation geeigneter Medikamente, z.B. Katecholamine oder Phosphodiesterasehemmer, gesteigert werden. Gegebenenfalls kann zur Besserung der Herzleistung ein Vorhofflimmern durch Kardioversion in einen Sinusrhythmus überführt und ein bradykarder Eigenrhythmus durch eine (Vorhof-)Schrittmacherstimulation gesteigert werden. Bei einer schwer eingeschränkten linksventrikulären Pumpfunktion hilft eine intraaortale Ballonpumpe (s. Kapitel 7), bei einer Rechtsherzproblematik infolge eines pulmonalen Hypertonus ist eine Beatmung mit Stickoxid (NO) (bis zu 30 ppm) günstig.

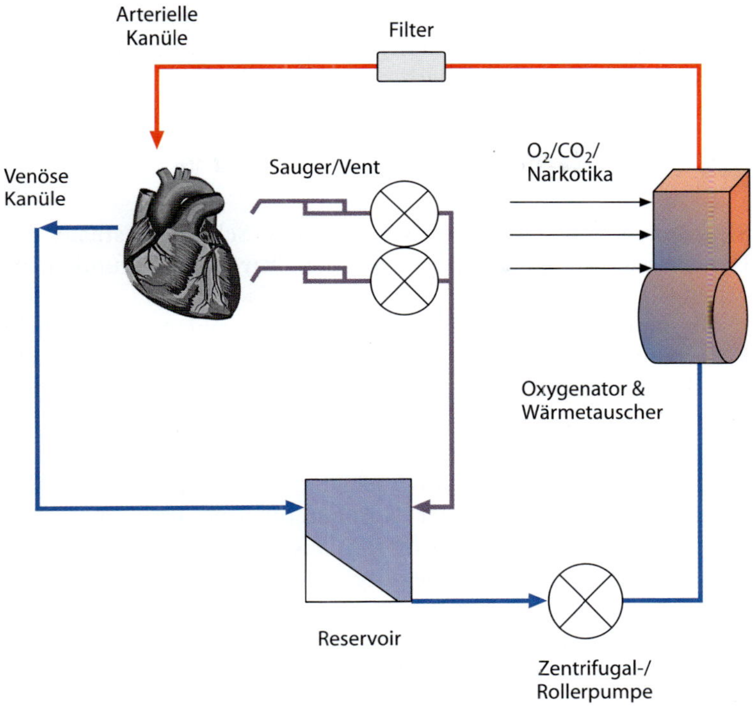

Abb. 2. Prinzip der Herz-Lungen-Maschine

Mit Erreichen normotensiver pulsatiler Blutdruckwerte wird der Fluss der Herz-Lungen-Maschine schrittweise reduziert und diese schließlich abgestellt. Nach venöser Dekanülierung erfolgt bei stabilen Kreislaufverhältnissen die Heparinantagonisierung durch Protamin, zumeist im Verhältnis 1:1. Das Protamin wird dabei langsam appliziert, um einer so genannten Protaminreaktion, die sich in einer lebensbedrohlichen pulmonalen Vasokonstriktion und einem ausgeprägten Lungenödem äußern kann, vorzubeugen. Darüber hinaus wird versucht, das in der Herz-Lungen-Maschine noch vorhandene Blut über die arterielle Kanüle zu retransfundieren, wenn nötig unter medikamentöser Vasodilatation. Nach arterieller Dekanülierung wird das übrig gebliebene Blut im CellSaver® gewaschen und durch den Anästhesisten retransfundiert.

1.6 Probleme/Komplikationen

Sie können sich seitens der Kanülen bzw. Schlauchsysteme, der Heparinisierung und bei unerwarteten kardialen Befunden ergeben.

Die aortale Kanülierung ist zumeist problemlos möglich. Eine dünne Aortenwand kann einreißen, bei atherosklerotisch veränderter Aortenwand (hohe Korrelation mit Karotisstenose und pAVK!) kann es zu Kalkembolien, im schlimmsten Fall zu einer Aortendissektion kommen. In einigen Institutionen wird daher bei ausgeprägter Atherosklerose ein epiaortaler Ultraschall durchgeführt. In der Koronarchirurgie kann alternativ auch auf ein Offpump-Verfahren ausgewichen werden. Luftembolien können durch eine sorgfältige Entlüftung der Aortenkanüle verhindert werden.

Die Einlage der venösen Kanüle kann bei zerreißlicher Wandqualität zu erheblichen Blutungen führen. Befindet sich zu viel Luft im venösen Schenkel, entsteht ein Luftblock, d. h. das venöse Blut fließt nicht ab, und die Herz-Lungen-Maschine bleibt stehen. Eine schnelle Entlüftung ist notwendig, z. B. durch Kopftieflage, Kompression der Leber oder Initiierung eines Sogs.

Kommt es unter der extrakorporalen Zirkulation zu einer Überdehnung des linken Ventrikels, liegt zumeist eine Aortenklappeninsuffizienz vor. Ein identisches Bild kann aber auch durch einen offenen Ductus Botalli verursacht werden. Zunächst empfiehlt es sich, das Herz manuell zu komprimieren, evtl. kann auch die Herz-Lungen-Maschine kurz angehalten werden. Balloniert das Herz erneut, empfiehlt sich eine schnelle Venteinlage, am besten durch die Herzspitze. Auch eine Flussreduktion ist möglich. Unter Umständen sollte die Aorta schnell abgeklemmt und intrakoronar oder retrograd Kardioplegielösung appliziert werden.

Ein Abfall des Perfusionsdrucks unter Gabe von Kardioplegielösung ist normal. Kann aber nach Beendigung derselben kein adäquater Perfusionsdruck erzeugt werden, müssen Vasopressoren, z. B. Noradrenalin, eingesetzt werden.

Zeigt das Herz beim Abgehen von der Herz-Lungen-Maschine nur unter einer (relativ) hohen Katecholamindosierung eine ausreichende Kontraktilität, ist die transösophageale Kontrolle der Pumpfunktion und der Füllung des Herzens sinnvoll. Alternativ kann die Einlage eines linksatrialen Katheters erfolgen. Gegebenenfalls ist die Insertion einer intraaortalen Ballonpumpe hilfreich (s. Kapitel 7). Führen die Katecholamine zu einer pulmonalen Hypertension, können sie über den linksatrialen Katheter appliziert und das rechte Herz durch Prostaglandine oder eine NO-Inhalation entlastet werden.

Einer diffusen Blutungsneigung nach Beendigung der extrakorporalen Zirkulation kann durch Gabe von Blutkonserven, Frischplasmen und Thrombozytenkonzentraten entgegengewirkt werden. Besonders vorteilhaft erscheint der routinemäßige Einsatz des Fibrinolysehemmers Aprotinin (Trasylol®). Er bewirkt eine Plasmin- und Kallikreinhemmung und stabilisiert auch noch die Thrombozytenmembran, wodurch diese weniger anfällig gegenüber der extrakorporalen Zirkulation wird. Darüber hinaus wirkt Aprotinin antiinflammatorisch. Da es auch allergische Reaktionen auslösen kann, sollte bei kurz aufeinanderfolgenden Eingriffen entweder eine subkutane Testung erfolgen oder aber das Aprotinin beim Folgeeingriff erst unmittelbar vor Beginn der extrakorporalen Zirkulation appliziert werden. Alternativ können ε-Aminocapronsäure und Transexamsäure verwendet werden, die jedoch weniger effektiv sind. Bei anhaltenden großen Dränageverlusten empfiehlt es sich, das Blut in einem Reservoir zu sammeln und mit dem CATS-System® unmittelbar zu waschen und zu retransfundieren – eine der wenigen Maßnahmen, die auch von den Zeugen Jehovas akzeptiert wird.

KAPITEL 2 Koronarchirurgie

Die aortokoronare Bypassoperation wurde in den Jahren 1967 und 1968 entwickelt, wobei die größte Pionierleistung Favaloro [70] zugesprochen wird, auch wenn er nicht der Erste war, der eine solche Operation durchführte. Schon 1951 berichteten Vineberg u. Müller [147] über eine Implantation der linken A. thoracica interna in das Myokard. Nachdem Sones 1959 die Möglichkeit der Koronarangiographie gezeigt hatte und damit Koronarstenosen exakt lokalisiert werden konnten, wurde die direkte Myokardrevaskularisation Wirklichkeit. 1964 wurde der erste Venenbypass durch Garrett et al. [77] in Houston vorgenommen und, weitgehend unerkannt, auch der erste Bypass mit einer Anastomose zwischen der A. thoracica interna und dem R. interventricularis anterior durch Kolesov u. Potashov [102] in Leningrad.

In Deutschland wurden 2005 etwa 55 000 Koronarrevaskularisationen pro Jahr, 90% mit und knapp 10% ohne Herz-Lungen-Maschine, durchgeführt. Seit die Koronarrevaskularisation ohne Herz-Lungen-Maschine adäquat vergütet wird, ist ihr Anteil in einigen Kliniken auf 50% und mehr angestiegen. Diese Eingriffe ohne extrakorporale Zirkulation werden wie auch die Operationen über kleine Schnitte (mit und ohne Herz-Lungen-Maschine) als minimalinvasiv bezeichnet.

2.1 Anatomie/Pathologie

Die beiden Koronararterien entspringen normalerweise aus dem linken und rechten Sinus valsalva der Aorta ascendens und können sehr unterschiedlich ausgeprägt sein. Entsprechend der Versorgung des posterioren Septums durch einen R. interventricularis posterior werden ein Linkstyp, ein Rechtstyp (mit 85–90% am häufigsten) und ein Indifferenztyp unterschieden. Der R. interventricularis anterior (RIVA) und seine Diagonaläste und die rechte Koronararterie (RCA), evtl. mit rechtsseitigen Posterolateralästen, sind auf ganzer Länge chirurgisch angehbar, sofern die Gefäße nicht intramural verlaufen. Der R. circumflexus (RCX) liegt im Sulcus atrioventricularis und ist dort für den Chirurgien kaum zu erreichen. Lediglich seine Marginaläste können einfach versorgt werden.

Koronarstenosen können funktionell oder fixiert sein. Funktionelle Stenosierungen entstehen bei Muskelbrücken, die sich fast ausschließlich über dem RIVA finden. Fixe Stenosen sind in der Regel durch eine Atherosklerose bedingt. Deren Hauptrisikofaktoren sind Nikotin, Hypercholesterinämie, Hypertonie, Adipositas und Diabetes mellitus. In seltenen Fällen treten Myokardinfarkte während einer Schwangerschaft auf, v.a. im 3. Trimenon und puerperal, wobei etwa 40% der Frauen keine klassischen Risikofaktoren aufweisen. Ursachen sind vermutlich Koronarspasmen und eine Hyperkoagulabilität.

Das Ausmaß der Atherosklerose wird anhand der AHA/ACC-Klassifikation [132] in die Typen A, B und C eingeteilt (Tabelle 2). Diese Klassifikation berücksichtigt die angiographische Erscheinungsform, die Erfolgschancen einer perkutanen transluminalen koronaren Angioplastie (PTCA) und auch deren Komplikationsraten. Eine Hauptstammstenose ist Ausdruck einer starken generalisierten Atherosklerose und mit einer höheren Inzidenz an Karotisstenosen assoziiert. Jeder 3. Patient mit einer koronaren Herzerkrankung und einer Karotisstenose weist eine Hauptstammstenose auf, ansonsten nur jeder 7. Andererseits haben 30–50% aller Patienten mit einer Hauptstammstenose auch eine Karotisstenose (normalerweise nur 20%).

Tabelle 2. Koronarstenosegraduierung modifiziert nach AHA/ACC [132]

Typ	Charakteristika
A	Umschrieben (< 1 cm), konzentrisch, glatte Kontur, entfernt von Ostium oder Seitenastabgang, kein oder wenig Kalk, kein Thrombus
B	Tubulär (1–2 cm), exzentrisch, irreguläre Kontur, Ostiums- oder Bifurkationsstenose, Verkalkungen, sichtbarer Thrombus (B1: ein Kriterium, B2: mehrere Kriterien)
C	Diffus (> 2 cm), starke Schlängelung, Einbeziehung eines Seitenasts, veränderter Bypass, Gefäßverschluss

2.2 Operationsindikation

Eine Behandlungsindikation ergibt sich unabhängig von der klinischen Symptomatik generell aus koronarangiograpisch gesicherten Koronarstenosen über 70% sowie bei einer Hauptstammstenose über 50%. Die Indikation zur operativen Koronarrevaskularisation ist derzeit nicht einheitlich festgelegt, da PTCA und chirurgische Revaskularisation über weite Bereiche konkurrieren. Obwohl die chirurgischen Maßnahmen in randomisierten Studien in der Regel bessere Langzeitergebnisse zeigen, wird immer wieder auf die geringere Invasivität der interventionellen Maßnahmen verwiesen. Chirurgischerseits wird die umfassende interventionelle Therapie mit Stents (auch mit beschichteten Stents) auch wegen der im Vergleich zum chirurgischen Vorgehen (bei mittelfristig gleich gutem Überleben) höheren Reinterventionsrate kritisch gesehen. Daher gilt eine Beteiligung des proximalen RIVA klassischerweise weiterhin als Operationsindikation, sowohl für die 1-Gefäß- als auch für die Mehrgefäßerkrankung. Für den isolierten Befall des RCX- oder RCA-Systems ist dies nicht der Fall. Hier ist häufig das Beschwerdebild des Patienten ausschlaggebend. Weitere Operationsindikationen ergeben sich aus nicht interventionell angehbaren Stenosen und Gefäßverschlüssen, aus Restenosen nach

PTCA sowie aus Koronaraneurysmen und evtl. auch aus Koronarfisteln.

Voraussetzungen für eine chirurgische Versorgung sind eine Erreichbarkeit des Koronargefäßes (intramuraler Verlauf!), ein Koronardurchmesser >1 mm, ein vitales Versorgungsgebiet und ein ausreichender Abfluss dahin. Multiple Stenosen und starke Verkalkungen können eine Bypassanlage wenig sinnvoll oder technisch unmöglich machen, es sei denn, sie können mit Hilfe einer Endarteriektomie überwunden werden.

Problematisch bei der Indikationsstellung ist bisweilen der optimale Zeitpunkt der Operation nach einem Myokardinfarkt bzw. nach einer Lysetherapie. Innerhalb der 6-h-Grenze ist eine Revaskularisation wie bei allen vaskulären Verschlüssen möglich, danach ist sie mit einer deutlich höheren Letalität assoziiert. Bei kleinen Myokardinfarkten (Non Q-wave, NSTEMI[2], niedrige Serumkreatinkinase) kann unmittelbar eine Koronarrevaskularisation vorgenommen werden. Bei größeren Infarkten ist dies gefährlicher, es ist sicherer, 4–6 Wochen zu warten. Eine Interpretation des Markers Troponin kann bisweilen sehr schwierig sein, da auch eine schwere Angina pectoris und eine Niereninsuffizienz zu einer deutlichen Erhöhung des Messwerts führen können.

Bei der Indikationsstellung muss auch der komparative Nutzen des Eingriffs gesehen werden. Bei einer 3-Gefäß-Erkrankung besteht ohne Operation eine nur 50%ige Überlebenswahrscheinlichkeit in 5 Jahren, sodass bei einem durchschnittlichen Risiko von 2–3% eine Operation sicherlich indiziert ist. Im Gegensatz dazu ist die Lebenserwartung bei einer isolierten Stenose des RCA oder RCX bei normaler Gefäßdominanz meist nicht wesentlich eingeschränkt. Die Operation verbessert hierbei lediglich die Lebensqualität.

[2] NSTEMI = Nicht-ST-Strecken-Elevations-Myokardinfarkt

2.3 Operationsverfahren

Das Prinzip der koronaren Bypassoperation besteht darin, die erkrankten Koronargefäße distal ihrer Stenose mit einem Bypass zu versorgen. Bei mehrfachen Stenosen wird versucht, im wichtigsten Bereich des Koronargefäßes oder über eine Stenose hinweg eine Gefäßanastomose anzulegen, in seltenen Fällen erfolgen auch 2 Bypassanastomosen am selben Koronargefäß.

Koronare Bypassoperationen können heutzutage mit und ohne extrakorporale Zirkulation durchgeführt werden. Der Gebrauch der Herz-Lungen-Maschine ist als Standard mit niedriger bzw. definierter Letalität anerkannt und bildet die Grundlage der Koronarrevaskularisation in allen herzchirurgischen Zentren. Eingriffe ohne extrakorporale Zirkulation sind noch nicht allerorts als gleichwertig anerkannt und werden daher auch nicht von allen Chirurgen durchgeführt. Hauptkritikpunkt ist die Frage, ob die Anastomosen am schlagenden Herzen mit gleicher Qualität wie am kardioplegisch stillgestellten Herzen durchgeführt werden können, da die Operationen technisch anspruchsvoller sind, insbesondere bei Bypassanlagen im posterolateralen Bereich.

Als Bypassgefäße wurden über viele Jahre hinweg bevorzugt Venen aus dem V.-saphena-magna-Gebiet benutzt, die einfach zu entnehmen und zu anastomosieren sind. Nach 10 Jahren sind jedoch 50% der Venenbypässe verschlossen. Mittlerweile hat sich daher die Verwendung der linken A. thoracica interna (LITA) durchgesetzt. Diese weist im Langzeitverlauf nahezu keine Intimahyperplasie oder Atherosklerose auf, nach 10 Jahren sind noch etwa 90% der Anastomosen durchgängig [112]. Die A. thoracica interna ist eine Arterie vom elastischen Typ. Ihr proximaler Abschnitt ist nach Eröffnen der Pleura zumeist gut sichtbar, während das mittlere Drittel von Fettgewebe und das distale Drittel von Muskulatur bedeckt ist. Sie wird von 2 Venen begleitet und gibt zahlreiche Seitenäste zu den Interkostalarterien ab. Die LITA wird typischerweise mit dem RIVA anastomosiert, kann aber auch Diagonal- und Marginaläste versorgen. Seitliche Anastomosen anderer Bypassgefäße (T-Grafts) sind zumeist problemlos möglich, da die A. thoracica interna proximal einen ausreichenden Durchmesser aufweist und in ihrem Fluss nicht limitiert ist, sondern sich adaptieren kann. Dies kann allerdings bei hohem kompetitivem Fluss auch zu einer Atrophie und Obliteration des Gefäßes führen. Eine Verwendung als freies Transplantat ist ebenfalls möglich, hierbei kann aber die proximale (aortale) Anastomose bei geringem Kaliber und atherosklerotisch veränderter Aorta problematisch sein. In solchen Situationen empfiehlt es sich, einen kleinen Venenflicken in die Aorta einzunähen und daran die A. thoracica interna zu anastomosieren. Mittlerweile wird von einigen Chirurgen das Konzept der vollständigen arteriellen Revaskularisation verfolgt. In erster Linie wird zusätzlich die rechte A. thoracica interna (RITA) präpariert, die zumeist weiter medial verläuft und sich früher aufteilt. Sie kann bei genügender Länge mit nahezu allen Koronargefäßen anastomosiert werden, lediglich für den R. interventricularis posterior ist sie häufig zu kurz. Zur Versorgung des Marginalastbereichs kann die RITA hinter der Aorta und der Pulmonalarterie durch den Sinus transversus und ggf. sogar auch hinter der oberen Hohlvene geführt werden. Eine Entnahme beider Aa. thoracicae internae ist aber bei Diabetikern problematisch, da bei ihnen eine erhöhte Inzidenz an Wundheilungsstörungen nachgewiesen wurde. Inwieweit eine Skelettierung der Aa. thoracicae hinsichtlich der Wundheilungsstörungen vorteilhaft ist, kann noch nicht ermessen werden.

Auch die Radialarterien finden zunehmend Verwendung. Bei diesen handelt es sich um Gefäße vom muskulären Typ, deren Leitstruktur der M. brachioradialis ist, der direkt unter der Faszie bzw. der Subkutis liegt und die proximalen 2/3 des Gefäßes bedeckt [129]. Auch die Radialarterien werden jeweils von 2 Venen begleitet und geben zahlreiche Seitenäste in die Muskulatur ab. Um keine Ischämie der Hände zu riskieren, sollte vor ihrer Entnahme ein Allen-Test [21] durchgeführt werden. Dabei werden beide Unterarmgefäße, d.h. Radial- und Ulnararterie, unter wiederholtem Faustschluss abgedrückt. Nach Freigabe der Ulnarperfusion muss binnen weniger Sekunden eine Rosafärbung von Hand und Fingern erfolgen, andernfalls ist eine Entnahme der Radialarterie kontraindiziert. Im Zweifelsfall ist eine Angiographie sinnvoll. Eine minimalinvasive Entnahme der A. radialis unter Verwendung von Videooptiken ist möglich, wird jedoch nur selten praktiziert. Eine Verwendung der A. epigastrica inferior und der A. gastroepiploica ist ebenfalls möglich, erfolgt aber nur noch selten. Gründe dafür liegen im kleinen Kaliber, der Notwendigkeit eines Zweihöhleneingriffs und den schlechteren Langzeitergebnissen (nach 10 Jahren sind nur etwa 60% der Anastomosen durchgängig). Alle arteriellen Gefäße können entweder geschützt und gemeinsam mit den Begleitvenen in einem Pedikel (mit und ohne Faszie) oder als freies Gefäß (ohne Begleitvenen) präpariert werden. Als freies Gefäß sind die normalerweise geschlängelt verlaufenden Aa. thoracicae länger, aber auch leichter zu verletzen. Daher werden zur Skelettierung arterieller Gefäße bisweilen ein Ultraschallmesser oder eine feine Schere gegenüber einem Elektrokauter bevorzugt. Ein bedeutsamer Vorteil der Skelettierung der Aa. thoracicae liegt darin, dass die Gefäße extrapleural präpariert werden können. Dadurch wird das Lungengewebe vor Verletzungen geschützt, und die postoperative respiratorische Funktion ist (zumindest theoretisch) weniger kompromittiert. Bei sehr alten Patienten, die aufgrund der eingeschränkten Lebenserwartung keinen Vorteil von weiteren arteriellen Blutleitern haben, und in Notfallsituationen ist eine komplette arterielle Revaskularisation nicht sinnvoll bzw. sollten zeitaufwändige Präparationen unterbleiben.

Eine Venenentnahme erfolgt fast immer an der V. saphena magna, da die V. saphena parva aufgrund ihrer dorsalen Lage nur mühsam zu erreichen ist. Das gewünschte Venensegment kann über einen Schnitt auf ganzer Länge, über mehrere kleine Inzisionen und auch videoskopisch entnommen werden. Große Schnitte sind hierbei nicht nur kosmetisch nachteilig, sie führen auch bei adipösen Patienten vermehrt zu Wundheilungsstörungen, insbesondere am Oberschenkel. Seitenäste können ligiert oder mit Clips versorgt werden. Größere Seitenäste können auch auf 5–10 mm erhalten werden, um daran nachfolgend eine Koronaranastomose anzulegen. Variköse Gefäße sollten – wenn möglich – verworfen werden.

Die optimale Anzahl der Bypässe ist umstritten. Auch wenn schon 10 Bypässe und mehr bei einem Patienten angelegt worden sind, wird die Versorgung aller Hauptäste mit je einem Bypass, d.h. 3–4 Bypässe, häufig als ausreichend angesehen. Ob sich weitere Bypässe vorteilhaft auswirken, ist bislang nicht bewiesen, zumal bei sehr kleinen Koronargefäßen das Risiko eines Bypassverschlusses bzw. eines Anastomosenproblems erheblich ansteigt.

2.3.1 Koronarchirurgie mit Herz-Lungen-Maschine

Beim Standardverfahren erfolgen eine mediane Sternotomie und der Anschluss der Herz-Lungen-Maschine über die Aorta ascendens und den rechten Vorhof (2-Wege-Kanüle). Alternativ kann eine femorale Kanülierung erfolgen, in Verbindung mit einer Sternotomie oder auch mit einem kleinen anterolateralen Zugang. Vereinzelt werden auch Techniken favorisiert, bei denen eine Kanüle über den kleinen Zugang und die andere femoral eingebracht wird.

Nach Anschluss der extrakorporalen Zirkulation kann die Koronarrevaskularisation am schlagenden, flimmernden (mit und ohne Aortenklemme) oder am kardioplegisch stillgestellten Herzen erfolgen. Letzteres ist am meisten verbreitet, wobei mannigfaltige Kardioplegiekonzepte angewandt werden. Bei einfachen Fällen genügt sicherlich eine Einzeldosis antegrad verabreichter kristalloider Kardioplegielösung, wogegen bei hochgradigen proximalen Stenosen und schlechter linksventrikulärer Pumpfunktion eine retrograde Gabe von Blutkardioplegielösung, kontinuierlich oder intermittierend (20-minütige Intervalle), sinnvoller ist. Auch eine Kombination von ante- und retrograder Kardioplegie ist möglich (s. Abschnitt 1.3).

Die Exposition der Koronargefäße und die damit verbundene Luxation des Herzens kann auf verschiedene Weise erfolgen. Für den Chirurgen ist es am angenehmsten, wenn kein Assistent an seiner Seite stehen muss. Daher platziert man den Helfer auf der linken Seite des Patienten, wenn auf eine helfende Hand nicht verzichtet werden soll. Mit Hilfe eines retrokardialen Bauchtuchs kann das Herz angehoben werden. Es wird dann vom Assistenten mit Hilfe einer Kompresse oder Baumwollhandschuhen in der gewünschten Position gehalten. Alternativ wird eine ausgezogene Kompresse oder ein so genannter Streifen zwischen den Hohlvenen von rechts hinter dem Herzen durchgezogen und das Herz damit stabilisiert. Zur Versorgung der rechten Koronararterie kann das Herz gelegentlich auch mit Hilfe einer Satinski-Klemme luxiert werden, die rechtsventrikuläres epikardiales Fettgewebe fasst. Bei ausgeprägter oberflächlicher Verfettung können aufspannende Haltenähte im Bereich der geplanten Anastomosen nützlich sein.

Die Anastomosen am Bypassgefäß können längs oder quer, kurz oder lang, einzeln (End-zu-Seit) oder sequenziell (Seit-zu-Seit und End-zu-Seit) und in Verbindung mit einer Endarteriektomie erfolgen. Bei Einzelbypässen wirkt sich ein proximaler Verschluss der Vene nicht so dramatisch aus wie bei einem Sequenzialbypass. Allerdings wird durch die Einzelbypässe sehr viel mehr Bypassmaterial verbraucht, und die Flussrate in den Einzelbypässen ist geringer. Bei schwierigen Gefäßverhältnissen, z. B. ausgedehnten Verkalkungen, bieten lange Anastomosen eine größere Sicherheit. Arterielle Bypassgefäße lassen sich zur Verlängerung zu kurzer Gefäße, wie z. B. einer RITA, aber auch End-zu-Seit im Sinn so genannter T-Grafts kombinieren. Normkalibrige Venen eignen sich in der Regel gut für Seit-zu-Seit-Anastomosen, d. h. für die Anlage eines Sequenzialbypasses. Bei kleinen Bypassvenen empfiehlt es sich, Anastomosen über einen Seitenast der Vene anzulegen, um Stenosen im Anastomosenbereich zu vermeiden. Als Nahtmaterial kann ein monofiler 7-0- oder 8-0-Faden verwendet werden. Bei der Anlage der Anastomosen können kleine Sonden (Bougies) eingelegt werden, mit denen das Abflussgebiet des Koronargefäßes sondiert und eine Offenheit der Anastomose garantiert werden können. Eine Dichtigkeitsprüfung der Anastomose und eine semiquantitative Abschätzung des Abflusses können bei freien Transplantaten mit Indozyangrün erfolgen. Auch ein deutlicher Rückfluss über den Bypass ist ein Indiz für eine intakte Anastomose (evtl. aber auch für eine überflüssige Bypassanlage). Optimal ist eine quantitative Flussmessung in den Bypassgfäßen mit geeigneten Messgeräten.

Die proximalen Anastomosen können während der Stillstandsphase oder nach Lösen der Aortenklemme angelegt werden. Bei ausgeprägten Verkalkungen in der Aorta ascendens empfiehlt es sich, die Anzahl der aortalen Anastomosen zu minimieren und diese noch in der Stillstandsphase anzulegen. Werden mehrere Einzelvenen als Bypassgefäße benutzt, können diese nebeneinander an der Aorta oder huckepack aufeinander anastomosiert werden. Am einfachsten ist es, die Bypassgefäße in einem leichten Bogen zu verlegen, da zu kurze Bypässe durch Spannung an der Anastomose zu einem frühzeitigen Verschluss führen und zu lange Bypassgefäße knicken können. In manchen Fällen ist es ratsam, das Bypassgefäß mit Fibrinkleber oder mit einer Naht am Epikard zu fixieren. Bei ausschließlicher Verwendung der in situ belassenen Aa. thoracicae internae ist natürlich keine aortale Anastomose notwendig.

2.3.2 Koronarchirurgie ohne Herz-Lungen-Maschine

Koronareingriffe ohne extrakorporale Zirkulation gehören zu den minimalinvasiven Eingriffen und haben den Vorteil, dass die Nebenwirkungen bzw. Gefahren der Herz-Lungen-Maschine entfallen und dadurch auch Patienten operiert werden können,

Tabelle 3. Bei Koronarrevaskularisation bevorzugte Operationsverfahren

Mit Herz-Lungen-Maschine	Ohne Herz-Lungen-Maschine (Offpump)
▮ Schlechte Zielgefäße	Blutungsproblematik/Gerinnungsstörung
▮ Intramuraler Koronarverlauf	Ischämieproblematik (pAVK, Karotisstenose)
▮ Offene Endarteriektomie	Porzellanaorta
▮ Großes Herz	Schlechte LV-Funktion
▮ Zusatzeingriff	Einfache Stenosekonstellation (2-Gefäß-Erkrankung mit RIVA und RCA)

bei denen das konservative Verfahren z. B. aufgrund eines Blutungsrisikos kontraindiziert ist (Tabelle 3). Prinzipiell bestehen 2 unterschiedliche Zugangsarten: Sternotomie und kleiner Zugang. Der Vorteil einer medianen Sternotomie ist, dass nahezu alle Koronaräste erreicht werden können, während kleine Zugänge zumeist nur die Revaskularisierung eines Koronargefäßes erlauben, dafür aber weniger traumatisch und kosmetisch vorteilhafter sind. Zur Versorgung des RIVA eignet sich eine 6–8 cm lange linksseitige anterolaterale Thorakotomie im 4. oder 5. Interkostalraum, für die RCA eine partielle inferiore Sternotomie oder ein parasternaler Zugang, wobei der RIP auch über einen subxiphoidalen Bogenschnitt erreicht werden kann. Die Marginaläste sind auf diese Weise nicht so einfach darstellbar.

Die Präparation der ITA-Gefäße ist bei einer Sternotomie identisch zum konventionellen Verfahren. Bei einem limitierten Zugang, z. B. einer linksseitigen anterolateralen Thorakotomie, ist die ITA-Präparation technisch anspruchsvoller und erfordert ein spezielles Instrumentarium. In der Regel wird die ITA unter direkter Sicht durch die Thorakotomie dargestellt, wofür ein spezieller Sperrer notwendig ist, der die Rippen anheben kann. Auf diese Weise kann die ITA-Präparation proximal zumeist bis in den Bereich des 1. oder 2. Interkostalraums, jedoch nur selten weiter kranialwerts präpariert werden (Abb. 3 a). In wenigen Fällen kann dann ein belassener großer Interkostalast zu einem Steal-Syndrom (Abfluss über den Interkostalast anstatt über die ITA) führen. Nur gelegentlich wird eine videoskopische Präparation über mehrere Ports durchgeführt. Sie ist aufwändiger, erlaubt aber eine vollständige Präparation der ITA.

Während durch den limitierten Zugang unmittelbar der Bereich des koronaren Zielgefäßes erreicht wird, muss das Herz nach kompletter Sternotomie erst in die richtige Lage gebracht werden. Dazu können linksseitig mehrere Perikardhaltenähte vom Mündungsbereich der linksseitigen Lungenvenen bis fast zur V. cava inferior angelegt werden, während auf der rechten Seite auf Perikardhaltenähte verzichtet wird. Durch dosierten Zug kann das Herz nach rechts luxiert und so der RIVA mit den Diagonalästen sowie die oberen Marginaläste erreicht wer-

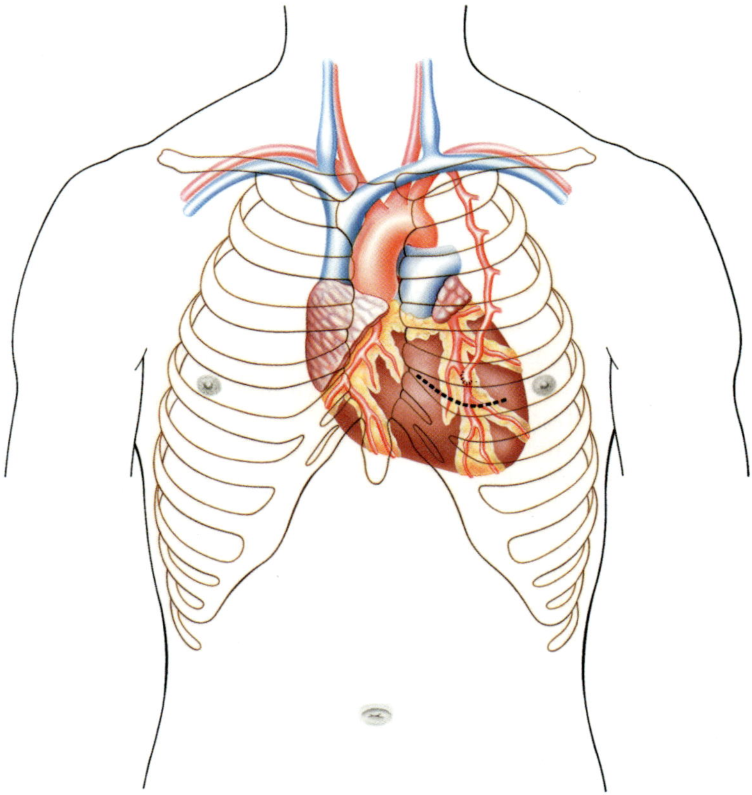

Abb. 3 a. Minimalinvasive Operation über eine kleine anterolaterale Thorakotomie

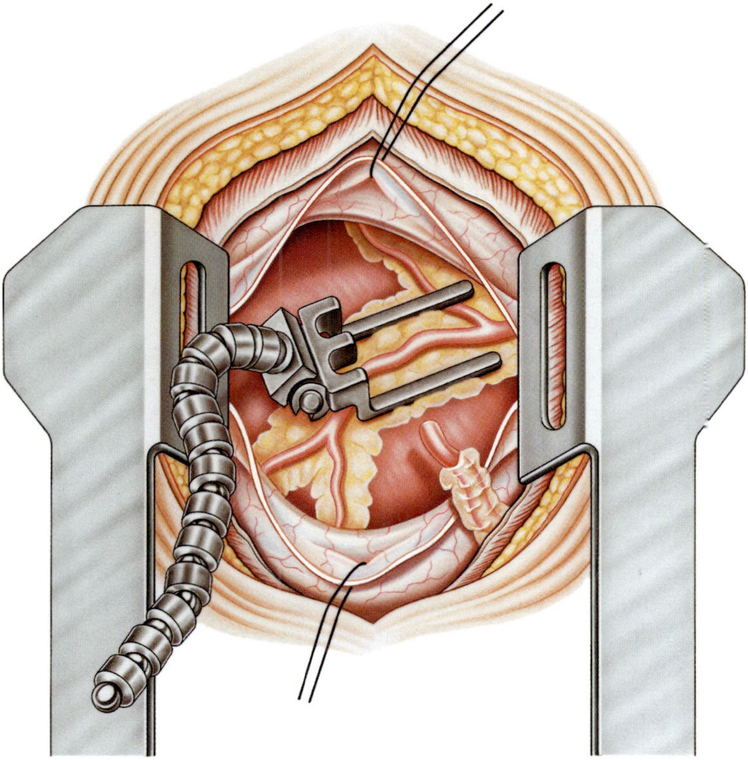

Abb. 3 b. Das Koronargefäß wird im Anastomosenbereich mit einem Stabilisator ruhig gestellt

den. Für die Revaskularisation der Lateral- und Hinterwand ist eine apikale Saugglocke vorteilhaft, mit der das Herz gestreckt gehalten und so eine Kompromittierung des rechten Ventrikels vermieden werden können. Andernfalls muss ggf. die rechte Pleura (senkrecht) inzidiert werden, um so mehr Platz für das luxierte Herz zu schaffen. Für die Hinterwandanastomosen wird der Patient in eine Trendelenburg-Position (Kopf tief, Beine hoch) gebracht und das Herz leicht angehoben, sodass die Herzspitze nach oben zeigt. Hierbei ist ein gutes anästhesiologisches Management, insbesondere eine dosierte Volumengabe, wichtig, um den Kreislauf stabil zu halten.

Die Koronaranastomose wird bei beiden Zugangsarten durch so genannte Stabilisatoren erleichtert. Diese bestehen meist aus 2 Bügeln, die parallel zum Koronargefäß in der Anastomosenregion aufgesetzt werden und diese durch Druck und/oder Sog ruhig stellen (Abb. 3b). Der Einsatz bradykardisierender Medikamente, wie Esmolol oder Adenosin, ist heutzutage kaum noch notwendig. Die proximale RCA kann bisweilen ohne Stabilisator nur durch 2 Haltenähte stabilisiert werden. Durch proximale und ggf. auch distale Drosseln (Tourniquetnähte) wird ein Blutfluss aus dem eröffneten Koronargefäß verhindert. Kleinere Rückblutungen können mit einem Blower (gefilterte Luft oder CO_2) weggeblasen werden. Die Einlage eines Shunts ist besonders bei dominanten Gefäßen und solchen mit nicht sicher hochgradiger Stenosierung sinnvoll. Eine probatorische Koronarokklusion vor der Anastomosierung erlaubt eine Abschätzung des Risikos einer passageren Ischämie anhand der ST-Segment-Veränderungen, einer ventrikulären Rhythmusstörung und einer passageren hämodynamischen Kompromittierung. Sie kann auch unter dem Gesichtspunkt einer ischämischen Konditionierung erfolgen, deren Effizienz jedoch umstritten ist.

Die Koronargefäße werden im Prinzip wie bei den konservativen Operationstechniken anastomosiert. Allerdings kann das Auffinden des richtigen Koronargefäßes bei den kleinen Zugängen sowie bei einer ausgeprägten epikardialen Fettschicht oder einem intramuralen Verlauf schwierig, wenn nicht sogar unmöglich sein. Darüber hinaus führen epikardiale Präparationen zu unangenehmen Sickerblutungen. Auch längerstreckige Endarteriektomien sind problematisch. Meist wird zunächst die RIVA-Anastomose angelegt und der Fluss darüber freigegeben, da dies relativ einfach zu bewerkstelligen ist und mutmaßlich einen großen Nutzen, auch für die weitere Operation, bringt. Die weitere Reihenfolge der Anastomosenanlage richtet sich nach der Koronarmorphologie. Bei Einzelbypässen folgt nach einer distalen Anastomose in der Regel unmittelbar die korrespondierende proximale Anastomose, damit das Myokard sofort von der Bypassanlage profitieren kann. Hierzu wird die Aorta ascendens wie beim konventionellen Verfahren mit einer kleinen Satinski-Klemme vorsichtig ausgeklemmt. Alternativ können auch die proximalen Anastomosen zuerst genäht werden, dies vermeidet ein mehrfaches Ausklemmen der Aorta ascendens. Entsprechend ist es beim Sequenzialbypass dann zweckmäßig, die distalste Anastomose zuletzt zu nähen.

Bei multimorbiden Patienten mit schwersten Koronarveränderungen kann es sinnvoll sein, nur das wichtigste Gefäß minimalinvasiv zu versorgen und anschließend die anderen Koronarstenosen unter dem Schutz des neuen Koronarbypasses zu dilatieren. Die PTCA kann hierbei unmittelbar nach der operativen Revaskularisation erfolgen. Ein solches Hybridverfahren erlaubt z.B. auch eine in der Regel risikoreiche PTCA des linken Hauptstamms.

2.4 Intraoperative Probleme/Komplikationen

Schwierigkeiten bei der Koronarrevaskularisation bereiten kleine, schwer verkalkte und nicht auffindbare Koronargefäße. Bei einem Gefäßkaliber <1 mm ist eine Anastomose in der Regel nicht sinnvoll. Ist das Gefäß an der geplanten Anastomosenstelle schwer verkalkt, kann es proximal oder distal davon in nichtverkalkten Bereichen eröffnet und die Arteriotomie ggf. in den verkalkten Bereich hinein oder darüber hinweg verlängert werden. Ist das Koronargefäß auf ganzer Länge extrem verkalkt, kann bei ausreichendem Kaliber eine Endarteriektomie durchgeführt werden. Die linke Koronararterie muss meist langstreckig eröffnet werden, während an der rechten Koronararterie häufig lange Kalkzylinder mit Verästelungen über eine kleine Arteriotomie herausgelöst werden können. Eine evtl. vorhandene distale Endothellefze wird mit 8-0-Nähten fixiert, danach werden die Bypassgefäße entweder über eine lange Anastomose oder einen separaten Venenflicken anastomosiert. Ist ein Koronargefäß nicht auffindbar, kann es u. U. von distal oder einem Seitenast kommend präpariert werden. Gelingt auch dies nicht und liegt kein proximaler Gefäßverschluss vor, wird notfalls die Aorta eröffnet und das Koronargefäß sondiert.

Bei einer schwer verkalkten Aorta kann das Abklemmen unmöglich sein. Unter diesen Umständen wird heutzutage versucht, die Koronarrevaskularisation ohne Herz-Lungen-Maschine (Offpump-Technik) durchzuführen. Ist die Verwendung einer extrakorporalen Zirkulation unumgänglich, wird entweder eine Femoralarterie oder der Truncus brachiocephalicus kanüliert und am schlagenden oder flimmernden Herzen operiert. Bei ausschließlich arterieller Revaskularisation sind (z. B. durch T-Grafts) aortale bzw. proximale Anastomosen vermeidbar. Werden auch Venenbypässe verwendet, können diese ggf. an den Truncus brachiocephalicus anastomosiert werden (unter Verzicht auf eine Kanülierung in dieser Lokalisation).

Bei den minimalinvasiven Eingriffen über eine kleine anterolaterale Thorakotomie kann es schwierig sein, das richtige Zielgefäß zu finden. Der Verlauf des RIVA lässt sich am sichersten anhand seines Ursprungs hinter dem linken Herzohr verifizieren, was allerdings bei einem intramuralen Verlauf oder ausgeprägter epikardialer Adipositas von nur begrenztem Nutzen ist. In solchen Fällen sind Fehlanastomosen auf Diagonaläste nicht selten. Die RCA ist dagegen zumeist einfach zu finden. Ausgedehnte Präparationen sind problematisch, da sie zu störenden Blutungen und auch zu einem Kammerflimmern führen können, weswegen diese Patienten stets mit externen Defibrillationselektroden versehen sein sollten.

Mangelndes oder schlechtes Bypassmaterial können eine Änderung der Revaskularisationsstrategie erfordern. Bei Verwendung arterieller Blutleiter können beliebige T-Grafts konstruiert werden, auch Brückenbypässe und proximale Anastomosen an nicht veränderte Nativgefäße sind möglich. Bei dünnen oder varikösen Venen kann es u. U. besser sein, ein Hybridverfahren anzustreben, d. h. auf die Versorgung einer weniger bedeutsamen, aber gut dilatierbaren Koronarstenose zu verzichten und diese postoperative interventionell zu behandeln.

Häufigste Komplikation ist die postoperative Myokardischämie, die anhand von ST-Hebungen, positivem Troponin T (Sensitivität 90% nach 6 h, Spezifität nahezu 100%) oder Troponin I (Sensitivität und Spezifität 95% nach 6 h) und erhöhten Kreatinkinasewerten (CK-Werte) erkannt wird. Als pathologisch nach einer Koronaroperation gelten ST-Veränderungen >1 mm (auch nicht ischämiebedingt möglich), Troponin T >0,1 ng/ml, Troponin I >0,6 ng/ml (abhängig vom verwendeten Test) und Kreatinkinasewerte >300–400 U/l mit einem CK-MB-Anteil >10%. Die Interpretation der Laborwerte ist allerdings immer im Zusammenhang mit dem Operationsverlauf zu sehen, da schwierige Operationsverhältnisse seitens der Myokardprotektion und der Anastomosenanlage erhöhte Werte erklären und gegen eine postoperative Myokardischämie sprechen können. Unter Würdigung aller Befunde kann eine Kontrollangiographie und ggf. auch eine PTCA durchgeführt werden. Sind keine Konsequenzen seitens einer Herzkatheteruntersuchung zu erwarten, wird der Perfusionsdruck angehoben und eine Vollheparinisierung angestrebt. Als besonders hilfreich hat sich in dieser Situation die Implantation einer intraaortalen Ballonpumpe erwiesen.

2.5 Ergebnisse

Die 5-Jahres-Überlebensrate ist ohne Operation bei den 1-Gefäß-Erkrankungen (jedoch nicht beim RIVA-Befall) weitgehend normal (95%) und liegt bei 2-Gefäß-Erkrankungen bei 75%, bei 3-Gefäß-Erkrankungen und bei einer Hauptstammstenose bei etwa 50%. Bei normaler Ejektionsfraktion liegt das 5-Jahres-Überleben bei etwa 90%, bei einer Ejektionsfraktion von 30–50% bei 75%.

Die LITA-Anastomose mit dem RIVA ist der wichtigste Bypass. Er beugt am besten einer erneuten Angina pectoris bzw. einem erneuten Myokardinfarkt vor und führt zur niedrigsten Sterberate im Langzeitverlauf [112]. Auch für die zusätzliche Verwendung der RITA konnte inzwischen ein Überlebensvorteil nachgewiesen werden. Die Bedeutung der Revaskularisation der anderen Koronargefäße ist geringer, vermutlich wird dadurch mehr die Lebensqualität als die Letalität beeinflusst.

Das Risiko für einen perioperativen Myokardinfarkt liegt bei etwa 6%, das Letalitätsrisiko zurzeit in Deutschland im Mittel bei 2,9%. Nach misslungener PTCA (Risiko etwa 5%) steigen die Risiken auf 25% (Q-Zackeninfarkt) bzw. 5–10% (Letalität). Besonders erhöht ist das Operationsrisiko darüber hinaus bei Dialysepatienten und solchen mit einer Nierentransplantation, bei erheblich eingeschränkter linksventrikulärer Pumpfunktion und bei einer Reoperation.

10 Jahre nach Koronarrevaskularisation sind noch 50% der Patienten frei von Angina pectoris, nach gleich langer medikamentöser Therapie jedoch nur 3%. Welchen Einfluss die vermehrte Verwendung arterieller Blutleiter und die minimalinvasiven Operationstechniken auf den Langzeitverlauf haben werden, ist noch unklar.

2.6 Komplikationen der KHK

Die Komplikationen einer koronaren Herzerkrankung werden in Früh- und Spätkomplikationen unterteilt. In der Frühphase drohen bradykarde und tachykarde Herzrhythmusstörungen (Sinusbradykardie, AV-Überleitungsstörungen, ventrikuläre Tachykardien, Kammerflimmern/-flattern), eine Herzinsuffizienz mit Lungenödem und Schock sowie eine Myokardruptur mit Perikardtamponade, ein Ventrikelseptumdefekt und eine akute Mitralklappeninsuffizienz. Im Langzeitverlauf spielen neben den malignen Herzrhythmusstörungen die Entstehung eines

Ventrikelaneurysmas, evtl. auch mit Thrombembolien, und seltener auch Perikarditiden eine chirurgisch relevante Rolle.

2.6.1 Myokardruptur

Die Myokardruptur ist eine seltene, jedoch lebensbedrohliche Komplikation nach einem Myokardinfarkt, sie entwickelt sich bei 1–3% aller Infarktpatienten und ist für 8–17% aller Infarkttodesfälle verantwortlich. Sie entsteht typischerweise innerhalb von 5 Tagen bei älteren hypertensiven Patienten, die ihren ersten Myokardinfarkt erleiden. Nur jeder 5. Patient hat zuvor bereits einen Myokardinfarkt erlitten. Am häufigsten kommt es zu einem Einriss an der linksventrikulären Lateralwand, rechtsventrikuläre Myokardrupturen sind extrem selten. Bei einem verklebten Perikard, z.B. nach einer Herzoperation, kann eine Myokardruptur ohne hämodynamische Konsequenzen bleiben, ansonsten entwickelt sich über eine Perikardtamponade ein dramatisches Low-output-Syndrom. Da die Diagnose zumeist nicht schnell genug gestellt wird und der klinische Verlauf fulminant ist, sind Myokardrupturen im chirurgischen Krankengut kaum zu finden.

Das Infarktareal kann reseziert und durch einen Dacronflicken ersetzt oder mit einem Perikardflicken und biokompatiblem Kleber abgedeckelt werden. Das Resektionsverfahren hat den Nachteil, dass das infarzierte Myokard einer Naht wenig Widerlager bietet. Ausgedehnten Resektionen fällt potenziell noch vitales Gewebe zum Opfer. Sie sind bei Beteiligung von Papillarmuskeln problematisch, und die Implantation großer Dacronflicken wird hämodynamisch schlecht vertragen. Besser ist daher das Aufnähen eines Perikardflickens, insbesondere bei Patienten mit sehr schlechter Pumpfunktion. Auch ist dies am schlagenden Herzen, d.h. ohne Verwendung der Herz-Lungen-Maschine, möglich. Allerdings ist die postoperative Letalität bei beiden Verfahren hoch, sie liegt bei 15–35%. Neuerdings stehen auch Kleber und Vliese zur Verfügung, die sich zu einer schnellen und unkomplizierten Deckung der Rupturstelle (ohne Notwendigkeit einer Naht) eignen. Umfangreiche Erfahrungen liegen damit aber noch nicht vor.

2.6.2 Ventrikelseptumdefekt (VSD)

Ein Ventrikelseptumdefekt entsteht in 1–2% der Fälle im Rahmen eines akuten Myokardinfarkts und ist mit einer enorm hohen Letalität behaftet. Typischerweise sind es etwa 65 Jahre alte Männer mit einer 1-Gefäß-Erkrankung und schlechter Kollateralisation, die ihren ersten Vorderwandinfarkt erleiden. Auch unter optimaler medikamentöser Therapie stirbt 1/4 der Patienten innerhalb von 24 h, die Hälfte innerhalb 1 Woche. Der erste erfolgreiche VSD-Verschluss wurde bereits 1957 von Cooley et al. [31] durchgeführt, jedoch existieren nur wenige ausreichend große Patientenkollektive, die Ergebnisanalysen z. B. hinsichtlich Risikoprädiktoren und Operationstechniken erlauben.

Generell gilt, je länger man mit der Operation warten kann, umso besser ist es, da in frisch infarziertem Myokard Nähte nur schwer halten, in vernarbtem Gewebe dagegen viel besser. Entsprechend sinkt das Risiko von etwa 50% bei einem frischen Infarkt-VSD auf deutlich unter 10% nach 3 Wochen ab. Oftmals ist man jedoch aufgrund der zunehmenden hämodynamischen Verschlechterung trotz IABP-Einlage zu einem Notfalleingriff gezwungen. (Die IABP reduziert den Links-Rechts-Shunt durch Senkung des linksventrikulären Drucks infolge der Nachlastsenkung.) Infarktbedingte VSDs finden sich zu 80% apikal und anterior, nur 20% liegen im posterioren Septum.

Zum VSD-Verschluss erfolgt der Anschluss der extrakorporalen Zirkulation mit bikavaler Kanülierung. Als Zugang eignet sich eine Längsinzision im zumeist vorhandenen (anterolateralen) Infarktareal oder Aneurysma. Ist der VSD-Rand bereits vernarbt, kann ein kleiner, d.h. passender, Perikard-, Dacron- oder Gore-Tex®-Flicken verwendet und die Nahtfilze auf die rechte Seite gelegt werden. Bei einer frühzeitigen (Not-) Operation wird der VSD mit einem sehr großzügigen Flicken verschlossen („infarct exclusion technique"), wobei die Nahtfilze auch auf die linke Seite gelegt werden können (Abb. 4). Auf diese Weise ist der Halt bzw. ein eventuelles Durchschneiden der Nähte besser zu kontrollieren. Alternativ kann man bei einem kleinen apikalen Infarkt-VSD auch die Herzspitze einschließlich

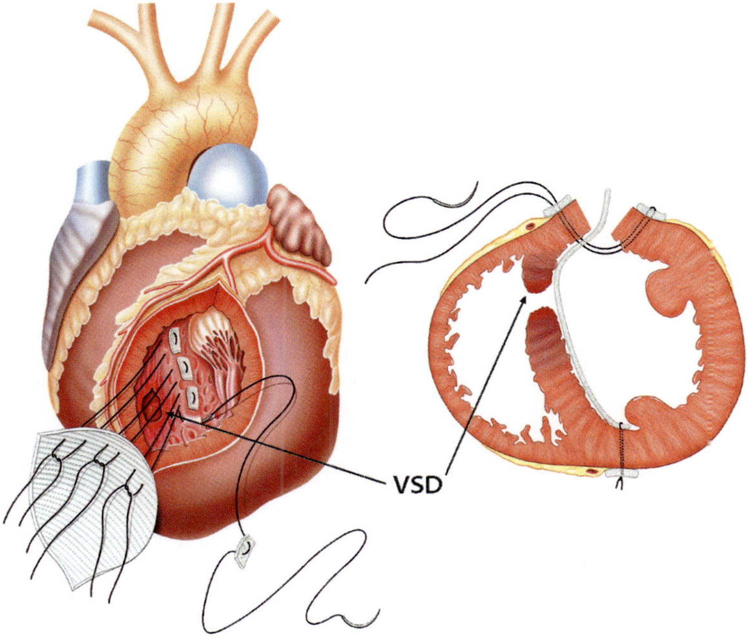

Abb. 4. Verschluss eines frischen Infarkt-VSD mit einem großen Kunststoffflicken

VSD resezieren. Hierbei werden dann beide Ventrikelwände und das Septum über Filzstreifen plikiert [38].

Die perioperative Letalität liegt bei 20–35%, Haupttodesursache ist das myokardiale Pumpversagen. Risikofaktoren sind insbesondere der präoperative Schock und ein fortgeschrittenes Alter. Inwieweit die Lokalisation (anterior günstiger als posterior?) und das Zeitintervall des VSD in Bezug auf den Myokardinfarkt eine Rolle spielen, wird derzeit kontrovers diskutiert. Die 5-Jahres-Überlebensrate liegt bei 45–65%.

2.6.3 Linksventrikuläres Aneurysma

Nach einem transmuralen Myokardinfarkt entwickelt sich ein linksventrikuläres Aneurysma in 10–15% der Fälle. Die Ursache hierfür ist nicht bekannt, jedoch scheinen die Größe des Infarkts und das Ausmaß der Kollateralisation eine Rolle zu spielen. Zu 85% findet sich das Aneurysma anterior oder apikal, zu 10% posterior und nur zu 5% in der Lateralwand oder im Septum. Bei etwa der Hälfte der Patienten sind Thromben vorhanden, aber nur in 5–10% der Fälle entwickeln sich daraus Embolien.

Eine generelle Operationsindikation besteht nicht, da die Aneurysmen per se die Überlebenswahrscheinlichkeit nicht beeinflussen. Operativ eingeschritten wird, sobald Komplikationen wie eine Herzinsuffizienz, Thrombembolien oder tachykarde Rhythmusstörungen entstehen. Eine Operation, wie sie erstmals 1954 durch Likoff u. Bailey [109] erfolgte, kann am stillgestellten oder schlagenden Herzen, mit oder ohne extrakorporale Zirkulation, erfolgen. Sind echokardiographisch keine Thromben im Aneurysma nachweisbar, kann dieses von außen über Filzstreifen plikiert bzw. okkludiert werden. Unter extrakorporaler Zirkulation kann das Aneurysma eröffnet und reseziert und dabei auch thrombotisches Material entfernt werden. Der Verschluss des linken Ventrikels ist danach auf verschiedene Weise möglich. Einerseits kann der Aneurysmasack reseziert und die fibrotischen Ränder mit Hilfe von Filzstreifen als Widerlager längs vernäht werden. Andererseits ist eine plastische Rekonstruktion des Ventrikels nach Dor et al. [58] möglich, bei welcher am Übergang des narbig veränderten Gewebes zum gesunden Myokard ein Dacronflicken eingenäht wird, der wieder zu einer anatomisch normalen Konfiguration des linken Ventrikels führt. Der Aneurysmarand kann bei dieser Technik auch durch eine Tabaksbeutelnaht gerafft werden, um die Größe des Dacronflickens so klein wie möglich zu halten. Abschließend wird der Dacronflicken zur besseren Hämostase mit Teilen des Aneurysmasacks gedeckt. Bei Hinterwandaneurysmen findet sich nicht selten auch eine ischämisch bedingte Mitralinsuffizienz, die ebenfalls versorgt werden muss. Hier kommen alle rekonstruktiven Maßnahmen einschließlich einer transventrikulären Alfieri-Naht und ein Klappenersatz in Frage (s. Abschnitt 3.2).

Die Letalität nach Resektion eines Ventrikelaneurysmas liegt unabhängig von einer begleitenden Koronarrevaskularisation bei etwa 10%, kann aber bei schlechter Pumpfunktion des Restmyokards, bei einer unversorgten Mitralinsuffizienz und bei einem Rechtsherzversagen erheblich höher sein. Die 5-Jahres-Überlebensrate liegt bei etwa 60–70%, wobei Patienten mit präoperativer Angina pectoris eine bessere Prognose als solche mit führender Insuffizienzsymptomatik aufweisen.

2.7 Koronarfisteln

Angeborene Koronarfisteln wurden schon im 19. Jahrhundert beschrieben. Der erste chirurgische Verschluss wurde 1947 durch Biorck u. Crafoord [13] durchgeführt, die eine Fistel zur Pulmonalarterie übernähten. Die extrakorporale Zirkulation wurde erstmals 1959 von Swan et al. [144] zum Verschluss einer rechtsventrikulären Fistel eingesetzt.

Bei den Koronarfisteln handelt es sich um eine angeborene direkte Kommunikation zwischen einer Koronararterie und einer der 4 Herzkammern oder einem herznahen arteriellen oder venösen Gefäß. Die Fistel kann in ein Koronargefäß münden oder das Koronargefäß als Fistel enden. Als Folge entstehen eine Dilatation, eine Elongation und dadurch eine Schlängelung des Koronargefäßes. In seltenen Fällen bildet sich ein großes Aneurysma aus, das allerdings nur ein geringes Rupturrisiko aufweist.

In etwa 50% der Fälle ist die rechte Koronararterie betroffen, die linke nur in 35% und beide Koronararterien nur in 5% der Fälle. In >90% der Fälle dränieren Koronarfisteln in Strukturen, die zum rechten Herzen gehören, zu 40% in den rechten Ventrikel, zu 25% in den rechten Vorhof, zu 15–20% in die Pulmonalarterie und zu 7% in den Koronarsinus. Multiple Fisteln wurden in einem Patientenkollektiv in 16% der Fälle gefunden, aneurysmatische Veränderungen in 19% der Fälle.

Über den Spontanverlauf dieser Anomalie ist angesichts der geringen Fallzahlen wenig bekannt. Symptome einer Herzinsuffizienz und Angina entwickeln sich in Abhängigkeit von der Größe der Fistel und treten häufig erst im fortgeschrittenen Lebensalter auf. Obwohl Spontanrupturen sehr selten sind, wird die Indikation zum Fistelverschluss nicht nur bei symptomatischen Patienten gestellt, sondern auch bei asymptomatischen Patienten mit einem Qp/Qs > 1,3. Die Therapie verhindert eine Progression der Fistelgröße und vermindert das Risiko einer Endokarditis, die ansonsten bei etwa 5% der Patienten komplizierend entsteht. Ein Spontanverschluss der Koronarfisteln ist extrem selten.

Der Eingriff erfolgt üblicherweise über eine mediane Sternotomie, damit im Bedarfsfall die Herz-Lungen-Maschine einfach angeschlossen werden kann. Ohne extrakorporale Zirkulation können Fisteln angegangen werden, wenn sie leicht erreichbar sind und wenn sie am distalen Ende der Koronarien liegen. Das Fistelgefäß wird angeschlungen und zunächst temporär okkludiert, um zu prüfen, ob das Fistelgeräusch sistiert und keine EKG-Veränderungen entstehen. Wird dies vom Patienten problemlos toleriert, kann die Fistel ligiert werden. Sind die Koronarfisteln sehr groß und geschlängelt, schlecht zugänglich oder entspringen proximal in den Koronargefäßen, ist die Verwendung der Herz-Lungen-Maschine ratsam, um Blutungskomplikationen zu vermeiden. Im kardioplegischen Stillstand kann zudem der Mündungsbereich der Fistel, z. B. im rechten Ventrikel, dargestellt und verschlossen werden. Dilatierte oder aneurysmatische Koronararterien können auch eröffnet und die Fistel an ihrem Ursprung verschlossen werden. In seltenen Fällen, in denen das Koronaraneurysma komplett reseziert werden muss, muss eine aortokoronare Bypassanlage erfolgen.

Das Operationsrisiko ist gering und liegt bei etwa 4%. Eine temporäre Myokardischämie oder ein Myokardinfarkt wurde in 3%, ein Rezidiv in 4–20% der Fälle berichtet. Die Langzeitverläufe sind hervorragend, auch wenn es in den meisten Fällen nicht zu einer Involution der dilatierten Koronararterie kommt.

Kapitel 3 Herzklappenchirurgie

Die ersten Klappenersatzoperationen erfolgten 1960 mit Hilfe von Kugelprothesen. Harken et al. [90] führten den ersten Aortenklappenersatz, Starr u. Edwards [142] den ersten Mitralklappenersatz durch. Der erste Homograft in Aortenposition wurde 1962 von Barrat-Boyes [8], die erste gestentete Bioprothese wurde 1965 durch Binet et al. [12] implantiert. In Deutschland werden in der Erwachsenenherzchirurgie zurzeit etwa 19000 Klappenoperationen durchgeführt (Aortenklappe n = 11200, Mitralklappe n = 4500, Trikuspidalklappe n = 300; Aorten- und Mitralklappe n = 1500; Klappe kombiniert mit ACB n = 8000).

Bei allen Klappeneingriffen ist einer Klappenrekonstruktion der Vorzug gegenüber einem Klappenersatz zu geben. Während Aortenklappen nur in etwa 1% rekonstruiert werden können, ist dies bei etwa der Hälfte der Mitralklappenfälle möglich. Beim Klappenersatz werden mechanische und biologische Klappentypen unterschieden. Während in Aortenposition beide Klappentypen etwa gleich häufig implantiert werden, wird in Mitralposition nur jeder 3.–4. Patient mit einer Bioprothese versorgt. Von den unterschiedlichen mechanischen Klappenprothesen werden heutzutage fast nur noch Doppelflügel- und Kippscheibenprothesen angeboten, da diese die günstigsten hämodynamischen Eigenschaften aufweisen (Aortenklappe SJM 21: Gradient 6–10 mmHg, Mitral-/Trikuspidalklappe SJM 25: Gradient 2–3 mmHg). Biologische Klappen werden unterteilt in gerüstfreie Prothesen und solche mit Gerüst. Rinderperikardklappen (Perimount-Klappe® 21: Gradient etwa 15 mmHg) und Schweineaortenklappen (Carpentier-Edwards-Klappe® 21: Gra-

Tabelle 4. Indikationsspektrum für biologische bzw. mechanische Herzklappenprothesen

Biologische Klappe	**Mechanische Klappe**	
■ Höheres Alter (>65 Jahre)	Jüngeres Alter (<65 Jahre)	
■ Berufliches Verletzungsrisiko	Marcumar aus anderen Gründen	Vorhofflimmern
■ Schwangerschaftswunsch		Zustand nach mechanischem Klappenersatz
■ Transvenöser Schrittmacher (nur TK)		LV-Aneurysma
■ Linksherzunterstützungssystem		Schlechte LV-Funktion
		Thrombose/Zustand nach Lungenembolie
	Hohes Reoperationsrisiko	

dient etwa 15–18 mmHg) werden auf einem Metallgerüst montiert. Letztere sind auch gerüstlos als so genannte Stentlessklappen verfügbar und weisen dann ähnliche Eigenschaften wie Homografts (humane Leichenklappen) auf.

Mechanische Herzklappenprothesen sind bei allen erwachsenen Patienten bis zu einem Alter von 65–70 Jahren indiziert, wobei man sich an der Lebenserwartung der Patienten orientiert, um einen Reeingriff zu vermeiden. Gibt es andere Gründe für eine Marcumarisierung, wie permanentes Vorhofflimmern, kann auch im höheren Alter eine mechanische Prothese implantiert werden. Gründe für einen biologischen Klappenersatz sind hohes Alter, Berufe mit hohem Verletzungsrisiko (z.B. Fleischer, Leistungssportler) und manchmal auch ein Schwangerschaftswunsch (Tabelle 4).

Die Möglichkeit einer Magnetresonanztomographie bleibt nicht nur nach biologischem, sondern auch nach mechanischem Klappenersatz erhalten, da weder die Sternaldrähte noch die gängigen mechanischen und biologischen Herzklappen durch die Magnetresonanztomographie Schaden nehmen [5].

3.1 Aortenklappenvitien

3.1.1 Anatomie/Pathologie

Die Aortenklappe besteht aus 3 Taschensegeln, die an einem „kronenförmigen", d.h. nicht an einem runden, Klappenanulus entspringen. Ihre Größe kann variieren, wobei zumeist das akoronare Segel am größten und das linkskoronare Segel am kleinsten ist. Die Basis der Taschensegel ist etwa 1,5-mal länger als ihr freier Rand. Bikuspide Aortenklappen finden sich bei etwa 1–2% der Bevölkerung. Sie weisen nahezu immer ein fusioniertes Segel (meist linkes+rechtes=anteriores Segel) auf, dessen Fusionsnaht etwas tiefer an der 3. Kommissur (zwischen den Koronarostien) ansetzt. Anatomisch bikuspide Klappen sind extrem selten. Interessanterweise ist die rechte Koronararterie bei Patienten mit einer bikuspiden Klappe eher klein ausgebildet. Darüber hinaus zeigt die Media der Aorta frühzeitige degenerative Veränderungen, woraus ein höheres Risiko für eine Aneurysmabildung und eine Aortendissektion resultiert.

Der Aortenklappe benachbart sind die beiden Koronarostien, wobei das linke Ostium für gewöhnlich näher am Anulus lokalisiert ist als das rechte Ostium. Unterhalb des rechten Koronarsinus liegt das interventrikuläre Septum. Das His-Bündel verläuft entlang des Hinterrands des membranösen Septumanteils, d.h. im Bereich der vorderen Kommissur. Das linke und teilweise auch das akoronare Klappensegel sind über die aortomitrale Kontinuität direkt mit dem vorderen Mitralsegel verbunden.

Als Folge einer Klappenerkrankung können sowohl eine Stenose als auch eine Insuffizienz resultieren. Kalzifizierende Stenosen sind am häufigsten und entstehen bevorzugt bei bikuspiden Klappen und im höheren Alter sowie als Folge rheumatischen Fiebers. Als schwere Stenose (Grad 4) wird eine Klappenöffnungsfläche <0,8 cm^2 (normal 2–3 cm^2) bezeichnet, ebenso ein mittlerer Gradient >50 mmHg. Sie führen beide zu einer Druckbelastung des linken Ventrikels.

Eine Aortenklappeninsuffizienz kann ebenfalls nach rheumatischen Erkrankungen und bei bikuspiden Klappen entstehen, aber auch infolge einer Endokarditis, einer Anuloektasie bei chronischen Aortenaneurysmen und bei einer akuten Aortendissektion. Es resultiert eine überwiegende Volumenüberlastung, die, abgesehen von akuten Ereignissen, relativ lange asymptomatisch bleibt. Die Taschensegel können bei einer Aortenklappeninsuffizienz je nach zugrunde liegender Erkrankung zerstört oder vollkommen intakt sein.

3.1.2 Operationsindikation

Bei der Aortenklappenstenose besteht sie bei den klassischen Symptomen Angina pectoris (>50% der Fälle), Synkopen und bei einer Herzinsuffizienz im NYHA-Stadium III oder IV, da die mittlere Lebenserwartung bei Angina etwa 5 Jahre, bei Synkopen etwa 3 Jahre und nach erstmaliger dekompensierter Herzinsuffizienz etwa 2 Jahre beträgt, wogegen asymptomatische Patienten nur zu 3–5% einen plötzlichen Herztod erleiden. Etwa 1/3 aller Patienten weisen alle 3 Symptome auf. Diese treten normalerweise bei einem Gradienten >50 mmHg und einer Klappenöffnungsfläche <1 cm^2 zu Tage. Weiterhin sind Zeichen einer progredienten linksventrikulären Verschlechterung (Dilatation ↑, Hypertrophie ↑, Pumpfunktion ↓) und rezidivierende Kalkembolien Indikation für ein operatives Vorgehen. Eine operative Korrektur ist nahezu immer möglich, d.h. auch bei sehr schlechter linksventrikulärer Pumpfunktion, da der linke Ventrikel nach dem Klappenersatz durch den verminderten Auswurfwiderstand (Nachlast) stets hämodynamisch besser gestellt ist. Bei einer Aortenklappenstenose ohne klinische Symptome wird inzwischen schon ab einem Gradienten von 40–50 mmHg eine Operationsindikation gestellt, bei einem niedrigeren Stenosegradienten infolge einer sehr schlechten linksventrikulären Pumpfunktion sogar noch früher. Echokardiographisch wird eine Flussgeschwindigkeit >4 m/s als Operationsindikation angesehen.

Die Operationsindikation bei der Aortenklappeninsuffizienz ist weniger klar definiert. Bei Patienten im Stadium NYHA III oder IV ist sie stets gegeben, im Stadium NYHA I und II nur bei angiographisch nachgewiesener schwerer Insuffizienz (Grad 3: Kontrastmittel füllt den ganzen linken Ventrikel und wird erst durch mehrere Zyklen wieder ausgewaschen; Grad 4: Kontrastmittel verbleibt für 10–15 s im ganzen Ventrikel), bei einer progredienten Zunahme der linksventrikulären Diameter, bei Vorliegen einer deutlich eingeschränkten linksventrikulären Pumpfunktion oder wenn sich diese unter Belastung verschlechtert. Eine weitere Indikation ist eine Aortenklappenendokarditis. Zumeist wird jedoch nicht unmittelbar operiert, sondern eine antibiotische Anbehandlung favorisiert. Eine frühzeitige Operation wird aber bei großen endokarditischen Thromben (>10 mm) und bei einer erheblichen hämodynamische Kompromittierung erforderlich. Nach septischen Embolien sollte die Operation innerhalb von 48 h erfolgen, da nach einem längeren Intervall das Risiko erheblich ansteigt (s. Abschnitt 3.6). Bei sehr schlechter Pumpfunktion kann sich ein Aortenklappenersatz bei einer Aortenklappeninsuffizienz verbieten, da nach dem Klappenersatz aufgrund des erhöhten Widerstands der Klappenprothese die Gefahr eines Herzversagens besteht. Als Grenzwert für ein deutlich erhöhtes Operationsrisiko wird ein endsystolisches linksventrikuläres Volumen >60 ml/m^2 Körperoberfläche angesehen.

3.1.3 Operationsverfahren

Aortenklappenersatz – Standardtechnik. Normalerweise erfolgt ein Aortenklappenersatz über eine mediane Sternotomie und eine Kanülierung von Aorta und rechtem Vorhof (2-Wege-Kanüle). Es empfiehlt sich, die Kardioplegielösung retrograd über den Koronarsinus zu applizieren, da dies auch bei einer Aortenklappeninsuffizienz möglich ist und unabhängig vom Fortschreiten der Operation jederzeit Kardioplegielösung nachgegeben werden kann. Alternativ kann sie bei Aortenklappenstenosen antegrad und bei Aortenklappeninsuffizienzen direkt in die Koronarostien appliziert werden. Über die rechte obere Lungenvene wird ein linksventrikulärer Vent eingebracht, um das Operationsgebiet blutarm zu halten. Eine transaortale Venteinlage nach Exzision der Aortenklappe ist ebenfalls möglich, jedoch kann der Vent bei einem engen Klappenanulus sehr störend sein.

Die Aortenwurzel wird schräg oder quer im Bereich des sinotubulären Übergangs eröffnet. Die zerstörte Klappe wird entfernt, und der Anulus wird débridiert. Ist er lazeriert, wird er rekonstruiert. Hierfür genügen zumeist Einzelnähte, jedoch können anuläre Abszesse im Rahmen einer Endokarditis auch kleine Perikardflicken erfordern. Um einer Reinfektion vorzubeugen, müssen die Abszesse sorgfältig ausgeräumt und die Abszesshöhlen nachfolgend verschlossen werden.

Die Prothesengröße hängt von der Körperoberfläche ab. Bei Patienten mit einer Körperoberfläche zwischen 1,7 und 2,0 m^2 genügt eine 21er-Standard-Klappe, unter 1,7 m^2 kann eine 19er-Klappe implantiert oder eine Erweiterungsplastik durchgeführt werden, ab 2,0 m^2 wird eine 23er-Klappe notwendig. Modernere Klappen mit erweiterter Öffnungsfläche bei kleinerem Nahtring haben jedoch Erweiterungsplastiken inzwischen fast vollkommen überflüssig gemacht. Allerdings ist ein Größenmismatch nicht eindeutig definiert (Quotient aus der effektiven Klappenöffnungsfläche bezogen auf die Körperoberfläche 0,6–0,85 cm^2/m^2).

Die Prothesenfixation ist auf zweierlei Weise möglich:

1. Bei der supraanulären Implantation werden die Klappennähte ventrikuloaortal gestochen, sodass die Klappenprothese auf dem Anulus zu liegen kommt. Ist die Prothese etwas zu groß, ist dies unproblematisch, so lange die Koronarostien nicht verlegt werden.
2. Bei der intraanulären Implantation ist die Stichrichtung umgekehrt, d.h. aortoventrikulär. Da die Prothese neben dem Aortenanulus sitzt, muss sie kleiner sein – eine Größe kleiner als mit herkömmlichen Klappenprüfern gemessen. Der Vor-

teil dieser Methode besteht darin, dass die Filze der Klappennähte stets sichtbar bleiben und im Fall eines Nahtabrisses problemlos entfernt werden können. Eine Verlegung der Koronarostien ist kaum möglich. Bioprothesen werden analog der nativen Klappe implantiert, die Ausrichtung der mechanischen Klappenprothesen kann senkrecht zum Septum (Scharnier an der posterioren Kommissur) oder an der interkoronaren Kommissur erfolgen (Scharnier zwischen den Koronarostien).

Stentlessprothesen benötigen eine spezielle Implantationstechnik. Die Aorta wird etwa 2 cm oberhalb des rechten Koronarostiums über 2/3 der Zirkumferenz quer eröffnet. Nach Exzision der Aortenklappe und Débridement des Anulus erfolgt das Ausmessen der Klappengröße. Ist der Durchmesser im sinotubulären Übergang um mehr als 15% größerer als im Anulus, kann eine Verkleinerung des akoronaren Sinus über eine Plikatur vorteilhaft sein, um einer Klappeninsuffizienz vorbeugen. Die optimale Klappengröße ist umstritten. Eine um eine Größe größere Prothese füllt u. U. die nativen Aortenklappensinus besser aus. Ein weiteres Problem kann sich bei einem tief liegenden rechten Koronarostium ergeben. Wird dieses oder der linksventrikuläre Ausflusstrakt durch den textilverstärkten Prothesenring verlegt, empfiehlt sich eine Rotation der Prothese, sodass der Textilring akoronar zu liegen kommt. Zur Implantation wird zunächst der Klappenring der Prothese in einer nahezu horizontalen Ebene, welche weitgehend dem tiefsten Punkt des Aortenklappenanulus entspricht, mit einzelnen oder mehreren fortlaufenden Nähten fixiert. 2 initiale Haltenähte, welche an den Koronarostien orientiert sind, erleichtern eine korrekte Platzierung der Klappenprothese. Nach Fixation des Prothesenanulus werden die Bereiche der Koronarostien an der Prothese exzidiert und die Koronarostien anastomosiert. Der akoronare Sinus sollte belassen werden, da dadurch die Prothesenanatomie besser erhalten bleibt. Zuletzt wird der Oberrand der Prothese mit einer fortlaufenden Naht fixiert, idealerweise endet die Prothese an der Aortotomie (s. auch Abschnitt 3.5.1).

Der Verschluss der Aorta kann einreihig fortlaufend oder bei kaliberstarker (aneurysmatischer) Aorta raffend zweireihig, d.h. mit einer Matratzennaht und einer zusätzlichen fortlaufenden überwendlichen Naht, durchgeführt werden. Hierbei kann ein so genannter Insuffizienzmacher (z.B. dünner Gummischlauch) durch die Klappenprothese eingelegt werden, welcher eine bessere Entlüftung erlaubt. Zur Vermeidung von Luftembolien kann auch während der Klappenimplantation eine CO_2-Insufflation erfolgen: Das schwerere und besser lösliche CO_2 verdrängt die Luft.

▮ **Aortenklappenersatz – minimalinvasive Technik.** Ein Aortenklappenersatz ist auch über einen erheblich kleineren Zugang möglich. Die beste Alternative zur kompletten medianen Sternotomie ist eine obere mediane Sternotomie mit L-förmiger Querinzision im 4. Interkostalraum nach rechts. Eine ausschließlich quere Sternotomie ist ebenfalls möglich, bietet jedoch eine schlechtere Exposition. Idealerweise wird über den limitierten Zugang eine normale Kanülierung von Aorta und rechtem Vorhof vorgenommen. Eine femorale Kanülierung kann alternativ erfolgen. Die Kardioplegielösung wird bei überwiegender Aortenklappenstenose antegrad und nachfolgend direkt über die Koronarostien appliziert, bei überwiegender Aortenklappeninsuffizienz ausschließlich direkt in die Koronarostien (ein Koronarsinuskatheter kann über den kleinen Zugang nicht eingelegt werden). Schwieriger als beim Standardverfahren sind die Entlüftung des Herzens und die Defibrillation, weswegen hier die CO_2-Insufflation und externe Defibrillationselektroden besonders empfehlenswert sind.

▮ **Aortenklappenrekonstruktion.** Umfangreiche Aortenklappenrekonstruktionen waren aufgrund der guten Ergebnisse beim Klappenersatz lange Zeit nicht attraktiv. Inzwischen sind jedoch – wie für die AV-Klappen – Rekonstruktionstechniken für alle Formen der Aortenklappeninsuffizienz entwickelt worden, wobei diese durch eine verminderte Koadaption der Klappensegel aufgrund eines Segelprolapses, durch eine Dilatation des Klappenanulus oder des sinotubulären Übergangs, durch eine Zerstörung der Segel oder durch strukturelle Veränderungen der Segel bedingt sein kann [27] (Tabelle 5). Aortenklappenstenosen eignen sich kaum für eine Rekonstruktion.

Elongierte und prolabierende Klappensegel lassen sich an deren Kommissuren plikieren. Eine klassische Technik ist die Trusler-Plastik [146]. Klappensegel können aber auch genäht, teilreseziert oder erweitert werden. Segelperforationen lassen sich durch einen Perikardflicken verschließen, was aber nur bei kleinen Läsionen sinnvoll ist. Ein isoliert erweiterter Anulus kann relativ einfach durch Raffung der Kommissuren verkleinert werden. Alternativ kann der linksventrikuläre Ausflusstrakt direkt unterhalb des Anulus hemizirkulär über einen außen und ggf. auch einen innen liegenden Filzstreifen verengt werden. Zur Senkung des Risikos eines AV-Blocks kann der Bereich zwischen Mitte rechter Sinus und Mitte akoronarer Sinus ausgespart bleiben [46, 59]. Eine umfassende Lösung stellt die so genannte David-Operation dar (s. Kapitel 5).

Erweiterungsplastiken. Ein zu enger Aortenanulus oder sinotubulärer Übergang kann einen Herzklappenersatz verhindern. Bei einem engen sinotubulären Übergang kann ein dreieckiger

Tabelle 5. Rekonstruktionstechniken bei Aortenklappeninsuffizienz

Isolierte Anulusdilatation	Zirkuläre Anuloplastik Kommissurale Plikaturen Modifikation des sinotubulären Übergangs
Klappensegellazeration	Einfache Segelnaht Perikardiale Flickenplastik
Klappensegelprolaps	Plikatur des Klappensegels Segelresuspension Triangulare Resektion
Klappensegelretrahierung	Lunula-Plastik Kommissurotomie Perikardiale Segelerweiterung

Flicken aus Dacron oder Perikard als Erweiterungsplastik supraanulär implantiert werden. Ist der Aortenklappenanulus zu klein, kann entweder akoronar oder rechtskoronar eine Erweiterungsplastik erfolgen. Bei der Manouguian-Technik [115], dem am häufigsten angewandten Verfahren, wird die Aortotomie im akoronaren Sinus vorzugsweise über die posteriore Kommissur bis in die Mitte des vorderen Mitralsegels verlängert und ein (unbehandelter) Perikard- oder Dacronflicken eingenäht (Abb. 5). In der Regel kann auf diese Weise eine Anuluserweiterung um 1–2 Größen erreicht werden. Die Nicks-Technik beinhaltet eine Inzision inmitten des akoronaren Sinus nur bis in den Mitralanulus und ist daher weniger effektiv [124]. Ist der linksventrikuläre Ausflusstrakt röhrenförmig eng (kongeni-

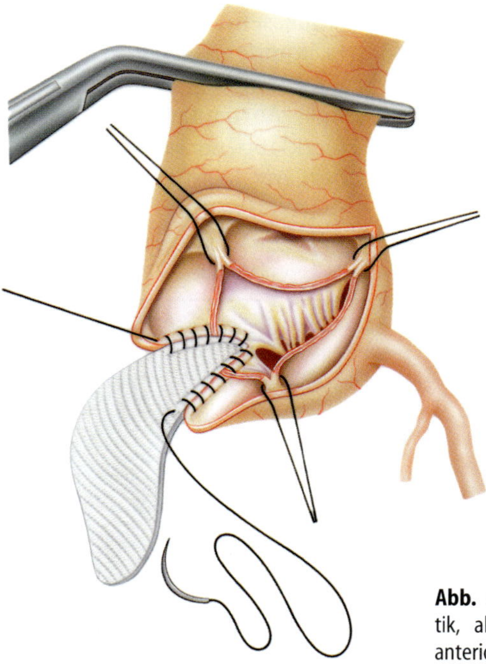

Abb. 5. Anuläre Erweiterungsplastik, akoronare Inzision bis in das anteriore Mitralsegel

tale Vitien!), wird der Anulus links des rechten Koronarostiums (unmittelbar rechts der interkoronaren Kommissur) über das interventrikulare Septum hinweg nach Konno et al. [103] inzidiert. Die Rekonstruktion erfolgt über 2 Dacronflicken, einer erweitert die Aorta und verschließt den geschaffenen Ventrikelseptumdefekt, der Zweite stellt anschließend den rechten Ventrikel wieder her. Eine Erweiterung des linkskoronaren Sinus ist ebenfalls möglich, wird aber im Allgemeinen nicht durchgeführt. Durch die Verfügbarkeit verbesserter Klappenprothesen mit größerer Öffnungsfläche sind Erweiterungsplastiken heutzutage allerdings nur noch sehr selten notwendig.

3.1.4 Intraoperative Probleme/Komplikationen

Eine Applikation von Kardioplegielösung direkt in die Koronarien (vornehmlich bei der minimalinvasiven Technik) kann bei erheblich verkalkten Koronarostien schwierig, selten sogar unmöglich sein.

Anulusnahe Koronarostien können eine Klappenprothesenimplantation problematisch gestalten. Hier muss individuell entschieden werden, ob eine intra- oder eine supraanuläre Prothesenlage günstiger ist.

Der Bruch oder Ausriss einer Klappennaht beim Knoten verursachen u.U. erhebliche Probleme, da die Filzplättchen sich lösen und embolisieren können und neue Nähte teilweise nur sehr schwierig zu legen sind. Neue Klappennähte lassen sich am einfachsten im akoronaren Segelbereich einbringen, hier kann auch transaortal gestochen werden. Daher ist es empfehlenswert, zunächst im Bereich des rechten und nachfolgend des linken Koronarostiums zu knoten. Wenn hierbei eine Klappennaht reißt, können die Klappe angehoben und eine neue Naht relativ einfach eingebracht werden.

Wurden die Nähte a- oder rechtskoronar zu tief gestochen (mit nachfolgender Verletzung des His-Bündels im Ventrikelseptum), können unmittelbar ein AV-Block sichtbar und eine sofortige Schrittmacherstimulation über passagere Schrittmacherelektroden notwendig werden. Die Indikation zur Implantation eines permanenten Schrittmachersystems ist jedoch aufgrund der möglichen Erholung der AV-Überleitung noch nicht gegeben (s. Abschnitt 9.1.2).

Wurde bei der Implantation ein Koronarostium verlegt, zeigen sich nach Freigabe der Koronarperfusion ausgeprägte EKG-Veränderungen und ein Low-output-Syndrom sowie eine Hypokinesie im Echokardiogramm. Es muss überlegt werden, ob die Klappe revidiert werden soll oder ob eine aortokoronare Bypassanlage sinnvoller ist. Bei Verlegung des linken Ostiums wird die Klappe meist wieder entfernt, während beim rechten Ostium nicht selten ein Venenbypass auf die rechte Koronararterie angelegt wird.

Bei stark verkalkter oder dünner Aortenwand kann der Aortenverschluss schwierig sein. Eine dünne Aortenwand kann sehr gut mit einer feineren Naht (5-0 anstatt 4-0), ein- oder zweireihig verschlossen werden. Alternativ ist eine Verwendung von Filz- oder Perikardstreifen als Widerlager möglich. Ist die Aortenwand sehr stark verkalkt oder brüchig, sind Filz- oder Perikardstreifen ebenfalls sinnvoll. Ein endokardiales Débridement der Aorta kann bei lockeren Kalkplatten erfolgen, führt aber zu sehr dünnen Wandverhältnissen. In diesen Fällen sowie bei Patienten, bei denen aufgrund der schweren Verkalkungen nicht transmural gestochen, sondern lediglich die Adventitia genäht werden kann, ist die Verwendung einer Manschette (evtl. mit Kleber) hilfreich. Im Extremfall kann ein Aortenwurzelersatz notwendig werden (s. Abschnitt 5.1.3).

Nach Lösen der Aortenklemme kann bei extremer Myokardhypertrophie die Defibrillation bisweilen sehr schwierig sein. Ein hoher Perfusionsdruck in Verbindung mit einer Antiarrhythmikagabe (z.B. Amiodaron) erscheint in solch einer Situation vorteilhaft zu sein.

Zeigt sich in der intraoperativen TEE-Kontrolle ein paravalvuläres Leck, muss entschieden werden, ob es hämodynamisch bedeutend ist oder ob die resultierende Insuffizienzkomponente und eine eventuelle Hämolyse akzeptabel sind.

Postoperativ zählen neurologische Ausfallerscheinungen durch Luft- oder Partikelembolien zu den bedeutsamsten Komplikationen, weswegen der linksventrikuläre Ausflusstrakt gründlich ausgespült und das Herz nach der Klappenoperation sehr sorgfältig, am besten unter TEE-Kontrolle, entlüftet werden sollten.

In extrem seltenen Fällen, bei denen eine Implantation einer Klappenprothese im Anulusbereich z. B. aufgrund ausgedehnter endokarditischer Destruktionen nicht mehr möglich ist, kann eine suprakoronare Klappenimplantation erfolgen. Die Koronarostien müssen mit einem Perikardflicken verschlossen und die Koronararterien mit Bypässen versorgt werden [42].

3.1.5 Ergebnisse

Das Operationsrisiko (perioperative Letalität) beim Aortenklappenersatz liegt derzeit im Mittel bei 3,7%. Es ist für mechanische und biologische Prothesen etwa gleich niedrig (3%) und für Homografts (6,3%) am höchsten. Die Kombination eines Aortenklappenersatzes mit einer koronaren Bypassoperation erhöht es auf über 5%.

Langzeitstudien weisen inzwischen eine niedrige Komplikationsrate mit einer Letalität von 2–4% auf. Bei den mechanischen Doppelflügelklappen sind thrombembolische Komplikationen (1,5–2% pro Patientenjahr) und Klappenthrombosen (0,05% pro Patientenjahr) beim Einhalten des empfohlenen INR ebenso selten wie antikoagulationsbedingte signifikante Blutungen (1–2% pro Patientenjahr). Der empfohlene INR liegt für die derzeitigen mechanischen Prothesen ohne assoziierte Risikofaktoren bei 2,0–3,0. Bei Vorhofflimmern wird ein INR von 2,5–3,5 unter zusätzlicher Aspiringabe (100 mg) empfohlen, bei schlechter linksventrikulärer Ejektionsfraktion (<35%) mit einem LVEDD >70 mm ein INR bis zu 3,5–4,0.

Die Haltbarkeit der Bioprothesen liegt derzeit bei etwa 15 Jahren, nach 10 Jahren weisen gute Prothesentypen in weniger als 10% ein strukturelles Versagen auf. Thrombembolische Komplikationen treten nur etwa halb so häufig auf wie bei mechanischen Prothesen. Sie liegen bei Patienten unter 50 Jahren bei etwa 10% innerhalb von 10 Jahren und bei Patienten über 65 Jahren bei etwa 25%.

Eine optimale hämodynamische Klappenfunktion und eine Regredienz der linksventrikulären Hypertrophie, welche innerhalb der ersten 6 Monate postoperativ stattfindet, setzen eine ausreichend große Klappenöffnungsfläche voraus. Bei einem Größenmismatch ist die Langzeitprognose schlechter.

Prothesenendokarditiden (1–2% pro Patientenjahr) sind unter den gegenwärtigen Antibiotikaprophylaxen sehr selten und weisen ein etwas anderes Keimspektrum als native Klappenendokarditiden auf. Bei einem Klappenersatz aufgrund einer floriden Endokarditis liegt das Rezidivrisiko (postoperative Prothesenendokarditis) bei 10–15%, was zu einer deutlichen Abnahme der Überlebensrate führt (5-Jahres-Überlebensrate 60–70%). Ob das Risiko einer Prothesenendokarditis bei Bioprothesen geringer als bei mechanischen Klappen ist, wird noch kontrovers diskutiert (s. Abschnitt 3.6).

3.2 Mitralklappenvitien

3.2.1 Anatomie/Pathologie

Die Mitralklappe ist bikuspide und besteht aus einem anterioren (aortalen) und einem posterioren (muralen) Segel. Die Segel der Mitralklappe werden in je 3 Segmente unterteilt, das vordere in A1–A3, das hintere in P1–P3 (von der anterolateralen zur posteromedialen Kommissur). Das vordere Mitralsegel ist über den aortomitralen Übergang mit dem linken und teilweise auch dem akoronaren Aortenklappensegel verbunden. Dem hinteren Segel benachbart liegen bei 8 h die A. circumflexa, dem vorderen bei 10 h die anteriore Kommissur der Aortenklappe und bei 2 h das His-Bündel bzw. der AV-Knoten. Der Mitralanulus umfasst eine Öffnungsfläche von 5,0–11,4 cm^2 (im Mittel 7,6 cm^2), wobei das posteriore Segel 2/3 und das vordere 1/3 der Zirkumferenz umfassen. Während des Herzzyklus bleibt der Mitralanulus nicht starr, sondern schwingt in einer bestimmten räumlichen Konfiguration. Während der Systole kommt es zu einer Abnahme der Mitralfläche um 26% und der

Mitralzirkumferenz um 13%. Entsprechend ist der Mitralanulus während der Diastole runder und in der Systole mehr ellipsoid. Da die Fläche beider Segel wesentlich größer als das Mitralostium ist, resultiert eine zyklusabhängige Adaptionsfläche. (Selbst in der Diastole ist die Oberfläche beider Segel 1,5- bis 2-mal größer als das Mitralostium!) Die Papillarmuskeln bilden sich aus den epikardialen Muskelfasern, die am Apex nach innen ziehen. Der anterolaterale Papillarmuskel hat einen großen Kopf, während der posteromediale Papillarmuskel 2 oder mehrere flachere Köpfe hat. Beide Papillarmuskeln geben Chordae zu beiden Klappensegeln ab. Chordae 1. Ordnung entspringen an der Spitze der Papillarmuskeln und setzen am Rand der Klappensegel an. Sie verhindern den Segelprolaps während der Systole. Chordae 2. Ordnung (sekundäre Chordae) haben denselben Ursprung (oder entspringen von Chordae 1. Ordnung) und münden an der ventrikulären Seite der Klappensegel im Bereich der Koadaptionslinie. Sie sind zahlenmäßig geringer und etwas dicker und verankern die Klappe. Chordae 3. Ordnung (tertiäre/basale Chordae) entspringen direkt von den Trabekeln der freien Ventrikelwand und setzen am posterioren Segel in der Nähe des Anulus an. Darüber hinaus gibt es noch kommissurale Chordae. Insgesamt verfügt die Mitralklappe über 15–32, im Mittel etwa 25 größere Chordae.

Die Funktion der Mitralklappe hängt von der Ventrikelgröße und -geometrie, dem Klappenhalteapparat und den Klappensegeln selbst ab, wobei der Klappenhalteapparat und die Klappensegel eine funktionelle Einheit bilden. Die Klappenbeweglichkeit kann nach Carpentier et al. [23, 24] funktionell in normal (Typ 1), exzessiv (Typ 2) und restriktiv (Typ 3) unterteilt werden (Tabelle 6).

Mitralklappeninsuffizienzen finden sich häufig im Rahmen eines kombinierten Vitiums, seltener isoliert, und entstehen ätiologisch betrachtet entweder durch eine Degeneration der Klappensegel oder des Halteapparats, im Rahmen einer dilatativen Kardiomyopathie, als Folge einer Endokarditis oder eines ischämischen Papillarmuskelschadens. Hierbei kann die Degeneration nach Carpentier et al. [23, 24] weiter unterteilt werden

Tabelle 6. Klappenerkrankungen nach Carpentier et al. [23, 24]

Typ	Beweglichkeit	Charakteristika
1	Normal	Anulusdilatation Segelperforation
2	Exzessiv	Segelprolaps Chordaruptur Chordaelongation Papillarmuskelruptur Papillarmuskelelongation
3	Restriktiv	Kommissurale Fusion/Segelverdickung Chordafusion/-verdickung
3a		Restriktion während der Diastole
3b		Restriktion während der Systole

in eine fibroelastische (zarte Segel, elongierte oder rupturierte Chordae) und eine myxomatöse Degeneration (verdickte und vergrößerte Segel – häufigste Form) einschließlich der Barlow-Erkrankung [24] (exzessives verdicktes Klappengewebe prolabiert in der Systole in den Vorhof, die Adaption der Klappenränder erfolgt in den Klappenebene). Bei einer dilatativen Kardiomyopathie findet sich eine normale oder restriktive Beweglichkeit der Mitralklappe, der Winkel zwischen den Papillarmuskeln ist häufig erheblich aufgeweitet. Im Rahmen einer Endokarditis können sämtliche Klappenbestandteile zerstört und zusätzlich klappennahe Abszesse vorhanden sein. Die ischämische Mitralinsuffizienz ist meist Folge eines Hinterwandinfarkts mit Befall des posteromedialen Papillarmuskels.

Die AV-Klappeninsuffizienz wird wie folgt eingeteilt:

1. kleiner Insuffizienzjet,
2. Regurgitation über die Hälfte des Vorhofs,
3. Regurgitation bis zur Vorhofrückwand,
4. Regurgitation bis in die zuführenden Venen.

Mitralstenosen entstehen durch Fusion der Kommissuren und sind meist rheumatischen Ursprungs, seltener Spätfolge einer Endokarditis, wobei ein Gradient von 15 mmHg und eine Öffnungsfläche $<1\ cm^2$ als Ausdruck einer schweren Stenose gewertet werden.

3.2.2 Operationsindikation

Die generelle Indikation für einen operativen Eingriff an der Mitralklappe ist gegeben, wenn sich der Patient im NYHA-Stadium III oder IV befindet oder wenn sich die linksventrikuläre Pumpfunktion progressiv verschlechtert, und sei es nur unter Belastung. Vielerorts wird eine frühzeitige Mitralrekonstruktion angestrebt, um den Folgeschäden vorzubeugen.

Bei der Mitralklappenstenose definiert sich die Operationsindikation darüber hinaus über eine progrediente ventrikuläre Dysfunktion, die Bildung linksatrialer Thromben oder rezidivierende arterielle Embolien trotz adäquater Antikoagulation und neu aufgetretenes nicht konvertierbares Vorhofflimmern. Eine Operationsindikation ist auch ab einem Klappenindex $\leq 1{,}5\ cm^2/m^2$ gegeben, wobei die Patienten ab einer Öffnungsfläche von etwa $2{,}5\ cm^2$ symptomatisch werden. Der pulmonalvaskuläre Widerstand spielt keine Rolle.

Bei der Mitralklappeninsuffizienz sind neben der NYHA-Klasse die linksventrikuläre systolische Funktion und der Anstieg des Pulmonalisdrucks unter Belastung bedeutsam. Bei der akuten ischämiebedingten Mitralinsuffizienz ist das erste Lungenödem per se noch keine Operationsindikation, jedoch kann sich bei fehlender hämodynamischer Stabilisierbarkeit natürlich unmittelbar eine dringliche Indikation ergeben. Um die Operationsindikation bei einer moderaten (ischämischen) Mitralinsuffizienz zu etablieren, kann eine Belastungsuntersuchung erfolgen. Hierzu kann einerseits die Vorlast durch Volumengabe auf über 15 mmHg angehoben werden, andererseits ist eine Nachlasterhöhung durch Katecholamine möglich. Zeigt sich bei einer der beiden Provokationsuntersuchungen eine Zunahme der Insuffizienz, gilt die Operationsindikation als gegeben.

3.2.3 Operationsverfahren

Zugang – Standardtechniken. Eine Mitralklappenoperation erfolgt üblicherweise über eine mediane Sternotomie, kann aber auch über eine rechtsseitige anterolaterale Thorakotomie im 4. Interkostalraum vorgenommen werden. Hierbei sind mehrere Zugänge zur Mitralklappe möglich (Abb. 6). Standardzugang ist zumeist eine direkte Eröffnung des linken Vorhofs kaudal der interatrialen Grube (Waterston-Furche) und bis in die obere Lungenvene hinein. Ist die Klappe trotz Mitralretraktor kaum einzusehen, verbessern Klappennähte an den Kommissuren die Exposition. Durch Einlage einiger Kompressen unter das Herz kann der subvalvuläre Apparat besser eingesehen werden. Ein 2. direkter Zugang ist über das linke Vorhofdach möglich, zwischen Aorta ascendens und V. cava superior. Die 3. Möglichkeit besteht darin, über den rechten Vorhof transseptal vorzugehen. Bei einer Längsinzision des Septums, ausgehend von der Fossa ovalis, kann der Schnitt im Bedarfsfall bis in das Dach des lin-

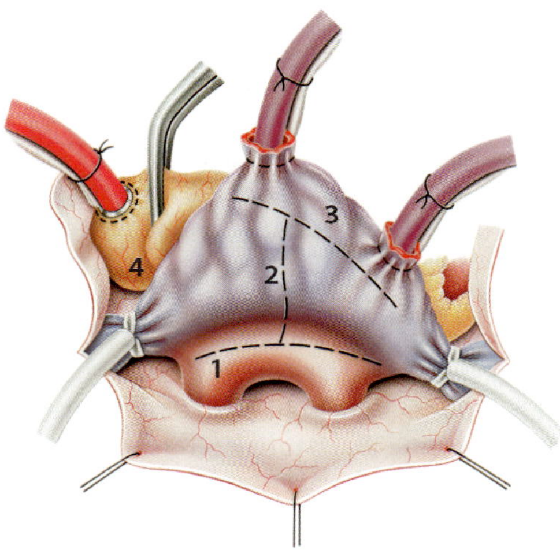

Abb. 6. Mitralzugänge: *1* linksatrialer Standardzugang, *2* Dubost-Zugang, *3* transatrial/transseptal (Guiraudon-Zugang), *4* über das Dach des linken Vorhofs

ken Vorhofs weitergeführt werden (Guiraudon-Zugang) [87]. Dadurch wird eine gute Exposition der Mitralklappe geschaffen, jedoch u. U. die Blutversorgung des Sinusknotens verschlechtert, wodurch in bis zu 38% der Fälle eine überwiegend temporäre (12% dauerhaft) Sinusknotendysfunktion mit junktionalen Ersatzrhythmen beschrieben worden ist. Alternativ kann das Septum auch quer, d.h. vom linksatrialen Zugang in Richtung Fossa ovalis (Dubost-Zugang) [18], inzidiert werden. Schließlich kann die Mitralklappe auch transaortal angegangen werden, wobei jedoch die Aortenklappensegel verletzt werden können und die Sicht auf die Mitralklappe begrenzt ist. Eine transventrikuläre Versorgung der Mitralklappe ist ebenfalls möglich, wird aber nur in den Fällen vorgenommen, in denen eine Ventrikulotomie aufgrund weiterer chirurgischen Maßnahmen erfolgt. Die transseptalen Zugänge erfordern ein bikavale Kanülierung, andernfalls genügt eine 2-Wege-Kanüle.

Zugang – minimalinvasive Techniken. In den vergangenen Jahren wurden kleine Zugänge für die Mitralklappenchirurgie entwickelt, durchgesetzt haben sich aber davon im Wesentlichen nur 2:

1. Durch die Entwicklung des so genannten Heartport-Systems ist eine kleine laterale Thorakotomie im 4. Interkostalraum rechts populär geworden, da über diesen Zugang nach Eröffnen des linken Vorhofs ein direkter Blick auf die Mitralklappe gewonnen werden kann. Allerdings muss stets durch den rechten Hemithorax hindurch operiert werden, wofür spezielle Instrumente notwendig sind (auch für das Einknoten der Klappe!). Der Anschluss der extrakorporalen Zirkulation erfolgt über die Leistengefäße, die Abklemmung der Aorta ascendens über eine transthorakale Klemme (separater Zugang) oder einen transfermoral eingebrachten Ballonkatheter. Da sich dieser Zugang nahezu beliebig verkleinern lässt und auch besonders für den Einsatz von Optiken und Operationsrobotern geeignet ist, sind die kosmetischen Ergebnisse hervorragend.
2. Eine partielle Sternotomie, überwiegend als obere L-förmige Sternotomie in den 4. Interkostalraum links, bietet ebenfalls

ein gutes kosmetisches Bild, jedoch kann hier das herkömmliche Instrumentarium verwendet werden. Auch eine normale Kanülierung von Aorta, oberer und unterer Hohlvene ist möglich, sodass kein Leistenzugang erfolgen muss. Die Mitralklappe wird transseptal dargestellt, wobei eine Inzision des linken Vorhofdachs unumgänglich ist.

▮ **Mitralklappenrekonstruktion.** Die Möglichkeit einer solchen ergibt sich aus den anatomisch-pathologischen Befunden. Weitreichende Verkalkungen in den Klappensegeln oder im Anulus und Gewebedefizite können eine Rekonstruktion unmöglich oder nicht sinnvoll machen. Eine adäquate präoperative Einschätzung der Rekonstruktionswahrscheinlichkeit erfordert in der Regel eine transösophageale Echokardiographie.

Zahlreiche Rekonstruktionstechniken wurden entwickelt, jedoch nur wenige kann man als Standardmethode bezeichnen. Bei einer Typ-1-Insuffizienz, d.h. einem erweiterten oder deformierten Anulus mit normaler Klappenbeweglichkeit, wird die Suffizienz der Klappe am besten dadurch wiederhergestellt, dass das anteriore und das posteriore Segel einander angenähert werden, wodurch sie (wieder) besser koadaptieren können. Dies wird am einfachsten durch die Implantation eines Prothesenrings (Anuloraphie) erreicht. Hierzu können komplette Ringe (z.B. von Carpentier et al. [26]) und ggf. auch Halbringe (z.B. von Cosgrove et al. [33]) verwendet werden. Sie stellen zudem das 3:4-Verhältnis des anteroposterioren zum transversalen Durchmesser unmittelbar wieder her. Die Größe des Prothesenrings richtet sich nach der Größe des anterioren Segels. Die Verwendung eines zu kleinen Rings ist möglich und wird bei schlechter linksventrikulärer Pumpfunktion und bei ischämischer Mitralklappeninsuffizienz sogar propagiert [14], ein zu großer Ring ist dagegen ineffizient. In manchen Fällen ist es auch möglich, die (Koadaptions-)Fläche eines Segels zu vergrößern, indem ein Flicken basisnah eingenäht wird. Auch das Ablösen des posterioren Segels mit nachfolgender Raffung von Anulus und Segel wurde beschrieben.

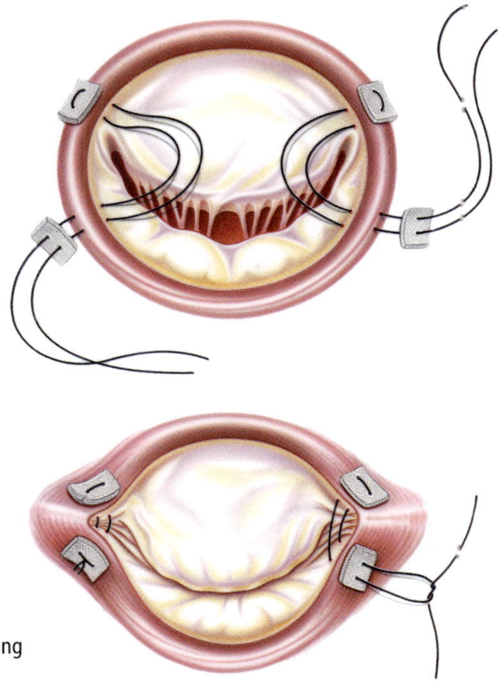

Abb. 7. Kommissurale Raffung nach Wooler

Alternativ ist eine Rekonstruktion durch eine kommissurale Anuloplastik mit Raffnähten möglich. Zur Raffung der Kommissuren wurden verschiedene Techniken entwickelt: Filzarmierte Matratzennähte nach Wooler et al. [152] (Modifikation nach Boyd), eine fortlaufende Raffnaht nach Kay u. Egerton [96] und multiple Raffnähte nach Reed et al. [128] (Abb. 7).

Ist damit kein zufrieden stellender Klappenschluss erreichbar, wird in jüngster Zeit auch vermehrt eine mediane Naht nach Alfieri [114], welche beide Klappensegel klappenrandnah in der Mitte aneinander fixiert, durchgeführt, wodurch 2 Neoostien entstehen.

Ein isolierter, partieller Prolaps des posterioren Segels (zumeist P2) wird in erster Linie durch eine quadranguläre Resek-

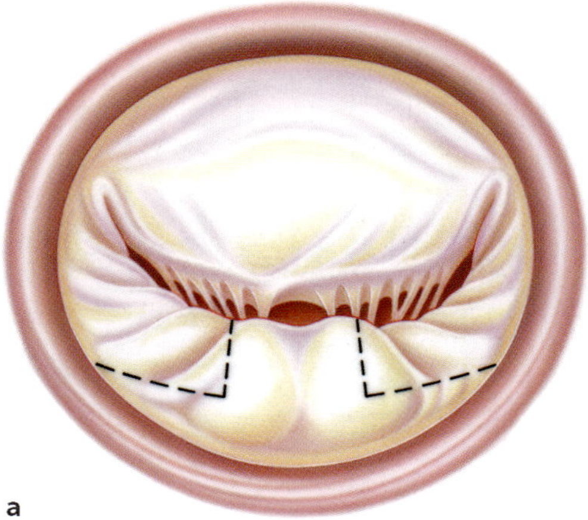

a

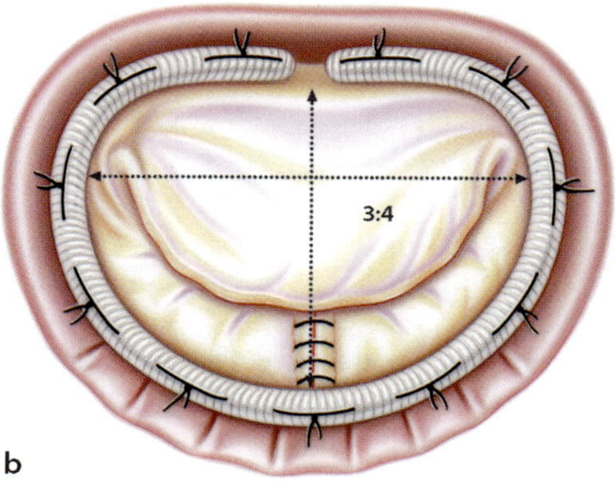

b

Abb. 8 a, b. Quadranguläre Resektion und „sliding plasty" bei posteriorem Prolaps: **a** Resektion des prolabierenden P2-Segments, **b** Sicherung der Rekonstruktion mit einem Carpentier-Ring

tion nach Carpentier et al. [23, 25] versorgt. Das prolabierte Segment wird reseziert, die verbleibenden Segelanteile werden miteinander vernäht und der Anulus plikiert. Hierbei wird mancherorts bevorzugt, die Knoten auf die ventrikuläre Seite zu legen. Sind die Segelreste des posterioren Segels unterschiedlich oder >2 cm lang bzw. hoch (Gefahr eines SAM: „systolic anterior motion" der Mitralklappe: Das vordere Segel prolabiert vor den Ausflusstrakt), erfolgt anulusnah eine dreieckige Exzision und nachfolgend eine Refixation des/der Klappensegel am Anulus. Das ein- oder beidseitige Abtrennen der verbleibenden Anteile des posterioren Segels vom Anulus mit einer erneuten anulären Anheftung unter Vernähung der beiden Segelanteile nennt man „sliding plasty" [95]. Sie hat den Vorteil, dass der Anulus nicht mehr plikiert werden muss, und ist daher bei einer ausgedehnten P2-Resektion mit weitem Abstand der Segelreste und bei einem verkalkten, schwer zu raffenden Mitralanulus sinnvoll. Nach Rekonstruktion der Klappe wird üblicherweise ein Ring zur Stabilisierung implantiert (Abb. 8 a, b). Da es bei Verwendung eines starren kompletten Rings in 4–5% dieser Fälle zu einer Obstruktion des linksventrikulären Ausflusstrakts kommt, bevorzugen viele Operateure die Implantation eines posterioren Halbrings, bei dem dies nicht der Fall ist. Bestehen Bedenken, dass die quadranguläre Resektion ausreißt, kann der prolabierende Anteil des posterioren Segels auch einfach gedoppelt werden, ohne dass es reseziert wird.

Bei einem partiellen Prolaps des anterioren Segels gibt es mehrere Möglichkeiten: Prolabierende Anteile eines vergrößerten Segels (zumeist A2) können keilförmig reseziert werden. Bei einem Abriss eines Sehnenfadens kann ein Sehnenfaden erster Ordnung vom posterioren zum anterioren Segel transponiert werden [23]. Das inzidierte posteriore Segel wird anschließend vernäht, und der korrespondierende Anulus wird plikiert. Alternativ kann ein Chordaersatz mit einem PTFE-Faden erfolgen. Hierbei ist die richtige Längenmessung essenziell. Ein abgerissener Papillarmuskel kann reinseriert, ein elongierter Sehnenfaden kann verkürzt werden [25].

In manchen Fällen, bei denen die Genese des Prolapses nicht ersichtlich ist oder ein zentraler Prolaps beider Segel vorliegt, hat sich eine Alfieri-Naht [114] bewährt.

Eine Restriktion der Segelbewegung ist auf eine Fusion der Segel oder der Sehnenfäden zurückzuführen und wird durch ei-

Tabelle 7. Rekonstruktionsmaßnahmen bei Mitralklappeninsuffizienz

Anulusdilatation	Anulus	Anuloplastik (mit/ohne Anuloplastiering)
▌Prolaps AML	Segel	Segelresektion (triangulär) Alfieri-Naht
	Chorda	Chordaplastik Chordatransfer (mit/ohne Segel) Chordasubstitution
	Papillarmuskel	Papillarmuskelplastik
▌Prolaps PML	Segel	Segelresektion (quadrangulär) (mit/ohne Sliding-Technik) Alfieri-Naht
	Chorda	Chordaplastik Chorda-Substitution
	Papillarmuskel	Papillarmuskelplastik
	Anulus	Anuloplastik (mit/ohne Anuloplastiering)
▌Restriktion	Segel	Segelaugmentation
	Anulus	Anuloplastik (mit/ohne Anuloplastiering) Anuloplastiering
	Chorda	Chordasubstitution
	Papillarmuskel	Papillarmuskelplastik
▌Endokarditis	Segel	Segelsäuberung bei Vegetationen Patchplastik bei Perforation
	Anulus	Patchplastik bei Abszess/Defekt Anuloplastik bei Abszess/Defekt
	Chorda	Chordasubstitution bei Defekt

AML „anterior mitral leaflet", *PML* „posterior mitral leaflet"

ne Kommissurotomie und bzw. eine Spaltung des entsprechenden Papillarmuskels behandelt (Tabelle 7).

▌**Mitralklappenersatz.** Kann die Mitralklappe nicht rekonstruiert werden ist ein Klappenersatz notwendig. Bei der Implantation einer Klappenprothese können theoretisch beide Mitralsegel weitgehend belassen werden. Der Erhalt des Papillarmuskelapparats führt hierbei zu einer besseren postoperativen Pumpfunktion. Problematisch ist dabei jedoch der mittlere Anteil des vorderen Segels, welcher vor der Ausflussbahn liegt. Bei einer biologischen Klappenprothese kann daher entweder das gesamte anteriore Klappensegel abgelöst und intakt am posterioren Anulus oder geteilt unter Resektion des mittleren Anteils an den Kommissuren nach Miki et al. [118] verankert werden, oder aber der mittlere Bereich des anterioren Segels wird unter Belassung desselben exzidiert [45]. Bei mechanischen Prothesen ist es nicht immer möglich, die Klappensegel partiell zu belassen, da die „Flügel" der Klappenprothesen mit der nativen Klappe interferieren können.

Die notwendige Prothesengröße hängt von der Körperoberfläche ab. Normalerweise ist eine Klappengröße von 27–29 mm ausreichend. Kleinere Prothesen sollten nur dann eingesetzt werden, wenn dies aufgrund der engen Klappenanatomie unabdingbar ist, da eine Erweiterungsplastik technisch sehr schwierig und komplikationsträchtig ist. Bei größeren Anuli können entsprechend größere Prothesen eingesetzt werden. Bei schlechter linksventrikulärer Pumpfunktion hat sich allerdings eine Raffung des Mitralklappenanulus durch Implantation einer kleineren Prothese als vorteilhaft erwiesen („downsizing") [14].

Als Klappennähte werden bevorzugt filzverstärkte Einzelnähte atrioventrikulär eingebracht, aber es sind auch ventrikuloatriale Stiche und fortlaufende Nahttechniken möglich. Eine mechanische Klappenprothese wird zumeist rechtwinklig zum Septum ausgerichtet, d. h. die Prothesensegel stehen rechtwinklig zu den nativen Klappensegeln, da dies hämodynamisch günstiger ist. Bei Reinsertion der Papillarmuskulatur des vorderen Segels an den Kommissuren kann bei Doppelflügelprothesen jedoch eine anatomische Klappenausrichtung vorteilhaft sein, da das am kommissuralen Klappenanulus fixierte vordere Klappensegel dann im Bereich der Prothesenscharniere zu liegen kommt und so den Klappenschluss der Prothese am wenigsten beeinträchtigen kann. Bei Bioprothesen mit Gerüst sollten die Stents so ausgerichtet werden, dass der linksventrikuläre Ausflusstrakt nicht verlegt wird. Dementsprechend werden die Stents idealerweise auf 10 Uhr und 2 Uhr ausgerichtet.

Herzohrresektion/-exklusion. Durch die Renaissance der chirurgischen Ablation des Vorhofflimmerns ist die Resektion des Herzohrs in einigen Kliniken zum Standard bei allen Mitralklappeneingriffen geworden. Die Verwendung eines Klammernahtgeräts hat aufgrund der häufig dünnen Wandverhältnisse zu Blutungskomplikationen geführt, weswegen mancherorts eine überwendliche Naht bevorzugt wird. Einfacher und sicherer ist es, unmittelbar nach dem Ersatz oder der Rekonstruktion der Mitralklappe das Herzohr von innen zu übernähen.

3.2.4 Intraoperative Probleme/Komplikationen

Schwierig gestaltet sich ein Mitralklappeneingriff, wenn der linke Vorhof sehr klein ist. Bei einem transatrialen Zugang empfiehlt es sich, die Inzision in Richtung des linken Vorhofdachs oder der rechten oberen Lungenvene zu erweitern. Bei einem ausschließlich linksatrialen Zugang ist eine möglichst vollständige Separation der V. cava superior vom linken Vorhofdach vorteilhaft, da der nachfolgende Vorhofverschluss dadurch wesentlich einfacher wird. Bei extrem engen Verhältnissen kann die Mitralklappe u. U. nur nach einer Durchtrennung der V. cava superior erreicht werden.

Ein schwer verkalkter Anulus kann die Implantation ebenfalls schwierig gestalten. Tiefe Stiche sind aufgrund der Verletzungsgefahr des R. circumflexus gefährlich. Ein Débridement des Anulus ist risikoreich, aber möglich. Hauptgefahr sind die Ventrikelruptur bzw. eine atrioventrikuläre Dissoziation. (Eine solche kann auch nach Luxation des Herzens im Anschluss an eine Mitralklappenimplantation erfolgen.) Die lokale Rekonstruktion einer atrioventrikulären Dissoziation mit filzunterlegten Nähten (unter Belassung der implantierten Klappenprothese) ist mit einer hohen Letalität assoziiert. Vorteilhafter ist es, die Klappenprothese wieder zu entfernen und den Defekt mit einem halbkreisförmigen Perikardflicken zu decken [43]. Im Zweifelsfall ist es besser, einen extrem verkalkten Anulus nicht anzurühren und eine Kugelklappe zu verwenden. Letztere kann direkt in den verkalkten Anulus gedrückt und mit einem breiten Nahtring im Vorhof fixiert werden. Wird eine andere Klappenprothese verwendet, kann deren Nahtring mit einem 1 mm starken Gore-Tex-Blatt vergrößert und dann an der Vorhofwand verankert werden.

Zu oberflächliche, d.h. nicht den Anulus fibrosus einschließende Stiche können ausreißen und zu einem paravalvulären Leck bzw. einem Ablösen eines Anuloplastierings führen. Zu tiefe Stiche im Bereich der anterolateralen Kommissur können zu einer Verletzung der Aortenklappe im Bereich des akoronaren Segels führen, posterolateral kann eine Verletzung des R. circumflexus die Folge sein.

3.2.5 Ergebnisse

Das mittlere Operationsrisiko liegt beim Mitralklappenersatz in Deutschland bei 4%. Das Risiko ist bei der Mitralrekonstruktion mit 2% am niedrigsten und beim xenogenen Klappenersatz mit 6,5% am höchsten. Ein kombinierter Eingriff an Mitral- und Aorten- oder Trikuspidalklappe hat ein etwa 8%iges Letalitätsrisiko.

Die klappenbezogenen Komplikationsraten sind bei mechanischen Prothesen relativ niedrig. Die Inzidenz für Thrombembolien z.B. für die SJM-Klappe liegt bei 1,6% pro Patientenjahr und für Klappenthrombosen bei 0,09% pro Patientenjahr. Antikoagulationsbedingte Blutungen treten mit einer Häufigkeit von 0,18% pro Patientenjahr auf, das Endokarditisrisiko liegt bei 0,06% pro Patientenjahr.

Bioprothesen (z.B. Perimount®) weisen in 10 Jahren in <10% der Fälle Thrombembolien und antikoagulationsbedingte Blutungen auf. Die strukturelle Degeneration der Bioklappen ist altersabhängig und liegt bei unter 40-Jährigen bei etwa 20% in 10 Jahren, bei über 60-Jährigen dagegen <5%.

Bei einer akuten Endokarditis beträgt das Reinfektionsrisiko nach prothetischem Mitralklappenersatz 8–20%, unabhängig vom Klappentyp. Die 5-Jahres-Überlebensrate nach nativer Klappenendokarditis liegt bei 70–80%, bei einem Mitralklappenersatz infolge einer Prothesenendokarditis <50%.

3.3 Trikuspidalklappenvitien

3.3.1 Anatomie/Pathologie

Die Trikuspidalklappe besteht aus einem anterioren, einem posterioren und einem septalen Segel. Das anteriore Segel ist das größte, das posteriore das kleinste Segel. Das septale Segel ist am Herzskelett fixiert. Ein großer anteriorer Papillarmuskel versorgt alle 3 Segel und entspringt an der freien Wand. Zusätzlich finden sich akzessorische Papillarmuskeln, welche am Septum inserieren. Im Koch-Dreieck, welches durch den septalen Trikuspidalanulus, die Todaro-Sehne (Fortsetzung der Valvula Vv. cavae inferioris) und den Koronarsinus begrenzt ist, liegen der AV-Knoten und das His-Bündel.

Primäre Trikuspidalklappenstenosen sind sehr selten, meist rheumatisch bedingt und häufig mit weiteren Klappenerkrankungen kombiniert. Eine schwere Stenose ist bei einem mittleren rechten Vorhofdruck >10 mmHg oder einem Gradienten von 5 mmHg sowie einer Öffnungsfläche $<2\ cm^2$ gegeben. (Anmerkung: Nach einem prothetischen Klappenersatz mittels biologischer oder mechanische Klappe liegt der transvalvuläre Gradient bei etwa 3–4 mmHg!)

Viel häufiger besteht eine Klappeninsuffizienz, zumeist sekundär, d.h. funktionell, aufgrund einer Anulusdilatation als Folge einer Mitralklappenerkrankung oder eines Linksherzversagens. Hierbei kommt es zu einer Dilatation des anterioren und insbesondere des posterioren Anulus, das septale Segel bleibt aufgrund seiner Fixierung am Herzskelett weitgehend unverändert. Die Einteilung des Insuffizienzausmaßes erfolgt analog der Mitralklappe (s. Abschnitt 3.2.1). Eine primäre Trikuspidalklappeninsuffizienz ist nicht selten Folge einer Endokarditis, wobei Drogenabhängige besonders gefährdet sind (Fixerendokarditis). Darüber hinaus können Schrittmacher- und ICD-Elektroden eine Klappeninsuffizienz verursachen.

3.3.2 Operationsindikation

Die Indikation ergibt sich zumeist aus der Klinik, d.h. einem Low-output-Syndrom mit NYHA-III- bis NYHA-IV-Symptomen oder Zeichen einer Leberstauung, Aszites und peripheren Ödemen, die medikamentös nicht mehr zu kontrollieren sind. Bei einer simultanen Korrektur linksseitiger Insuffizienzen muss eine organisch bedingte Trikuspidalinsuffizienz z.B. aufgrund einer Endokarditis stets versorgt werden, da diese sich nicht bessern kann, während funktionelle Insuffizienzen abhängig vom Schweregrad reversibel sein können. Gründe für einen Trikuspidalklappeneingriff bei einer sekundären Insuffizienz sind eine erhebliche und lang anhaltende Insuffizienz ohne zwischenzeitliche Besserung, eine lange bestehende rechtsventrikuläre Dilatation und eine pulmonale Hypertonie.

Weitere Parameter für eine Operationsindikation sind u.a. eine Regurgitationsfläche im rechten Vorhof >34%, ein rechtsventrikulärer systolischer Druck >60 mmHg, ein enddiastolischer Durchmesser des Trikuspidalanulus >50 mm sowie ein Regurgitationsvolumen >10 ml pro Herzschlag.

3.3.3 Operationsverfahren

Die Operationstechnik orientiert sich an der Klappenpathologie. Bei organischen Klappenerkrankungen (rheumatische Ursache, Endokarditis) ist häufig ein Klappenersatz indiziert, bei funktionellen Veränderungen mit normalen Klappensegeln stets eine Klappenrekonstruktion. Eingriffe am rechten Herzen und damit auch der Trikuspidalklappe können nicht nur am stillgestellten, sondern auch am schlagenden bzw. flimmernden Herzen durchgeführt werden. In jedem Fall müssen beide Hohlvenen kanüliert und mit Tourniquets okkludiert werden.

Eine Klappenrekonstruktion erfolgt meist durch eine DeVega-Plastik [55]. Hierbei wird der Bereich des anterioren und posterioren Segels durch eine (doppelte) filzarmierte intraanuläre Raffnaht verengt (Abb. 9). Häufig wird die Modifikation nach Alonso-Lej bevorzugt, bei der eine Naht entlang des Anu-

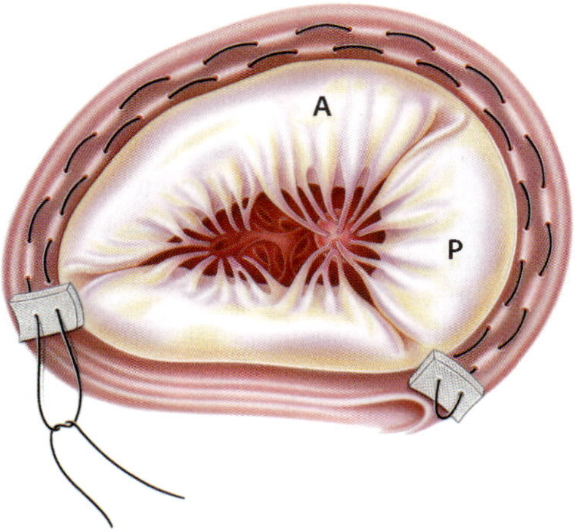

Abb. 9. Klassische DeVega-Plastik: Raffung des anterioren (*A*) und posterioren (*P*) Segels durch eine intraanuläre Raffnaht

lus und die zweite überwendlich über die erste gestochen wird. Die Naht wird über 2 Finger oder besser über einen Klappenprüfer (Größe 29–33) geknotet, um die Klappenöffnungsfläche auf etwa 4 cm^2 zu reduzieren. Alternativ kann der Klappenanulus auch durch Implantation eines (rigiden) Carpentier-Edwards- [26] oder eines (flexiblen) Duran-Trikuspidalrings [63] verkleinert werden. Flexible Ringe haben den Vorteil, dass die physiologische Verformung des Klappenanulus weiterhin möglich ist.

Kleinere Eingriffe beinhalten eine kommissurale Plikatur, oder eine anuläre Raffung im Bereich des posterioren Segels (Kay-Plastik [98]). Klappensegel können partiell ersetzt oder transponiert werden, selbst eine zentrale Vernähung aller 3 Segel ist möglich („trikuspidale Alfieri-Plastik") [47].

Beim Trikuspidalklappenersatz werden die Nähte atrioventrikulär wie beim Mitralklappenersatz geführt. Im Septumbereich sollten sie jedoch nicht durch den Anulus, sondern durch das Segel selbst gestochen werden, um eine Verletzung des His-

Bündels zu vermeiden. Aus diesem Grund dürfen die Klappensegel septal nicht vollständig reseziert werden. Bei sehr zarten Verhältnissen kann es ratsam sein, das Widerlager der Klappennähte durch eine Plikatur belassener Segelanteile zu verstärken. Hinsichtlich der Klappenwahl ist zu bedenken, dass bei Implantation einer mechanischen Klappe kein Swan-Ganz-Katheter oder ein ventrikuläres Schrittmacherkabel mehr eingebracht werden können, wogegen dies bei Verwendung einer biologischen Klappenprothese möglich ist. Bei Bioprothesen sollte das größte Klappensegel auf den anterioren Klappenanulus orientiert werden sollte, da hier der rechtsventrikuläre Ausflusstrakt liegt.

3.3.4 Intraoperative Probleme/Komplikationen

Bei einer DeVega-Plastik muss die Naht ausreichend tief gestochen werden, ansonsten kann sie ausreißen. Dies gilt in identischer Weise auch bei der Implantation eines Anuloplastierings, sofern keine filzverstärkten Nähte verwendet werden.

Bei der Klappenimplantation, d.h. bei atrioventrikulärer Stichweise, ergeben sich Probleme durch das im Septum verlaufende His-Bündel. Durch zu tiefe Stiche im Bereich des septalen Anulus kann ein AV-Block entstehen, der später eine Schrittmacherimplantation notwendig werden lassen kann.

3.3.5 Ergebnisse

Das Operationsrisiko für einen isolierten Trikuspidalklappeneingriff liegt bei 4,9%, bei Kombination mit einem Mitraleingriff bei 7,2%. Im Langzeitverlauf ist der Trikuspidalklappenersatz problematisch, da häufig eine begleitende linksventrikuläre (Klappen-)Erkrankung vorliegt und auch eine strenge Antikoagulation notwendig ist, um Klappenthrombosen zu vermeiden. Die 10-Jahres-Überlebensraten nach einer Rekonstruktion oder einem Ersatz der Trikuspidalklappe sind ungefähr gleich und liegen bei etwa 50%.

3.4 Mehrfachklappeneingriff

Bei ihm (Aorten-, Mitral- und Trikuspidalklappe) ist aufgrund der relativ langen Ischämiezeit eine gute Protektion des Herzens wichtig. Eine moderate Hypothermie und eine retrograde Gabe von Kardioplegielösung sind zu empfehlen. Darüber hinaus sollte folgendermaßen vorgegangen werden: Zunächst wird die Aortenklappe dargestellt und exzidiert, und die Klappennähte werden vorgelegt. Die Aortenprothese wird aber noch nicht implantiert, was den Mitraleingriff erleichtert. Die Mitralklappe wird komplett versorgt, d.h. die Klappe wird rekonstruiert oder exzidiert und ersetzt. Hiernach wird die Aortenklappe über die bereits vorgelegten Klappennähte implantiert, abschließend wird die Trikuspidalklappe versorgt, was auch nach Freigabe der Koronarperfusion am flimmernden oder schlagenden Herzen erfolgen kann. Das Risiko ist hoch, es liegt bei 14,3%. Die 10-Jahres-Überlebensrate bei Verwendung biologischer und mechanischer Klappen ist ähnlich und liegt bei etwa 45–60%. Das heißt, die Verwendung zweier biologischer Klappen birgt keinen prognostischen Vorteil im Vergleich zur Verwendung zweier mechanischer Klappen beim Doppelklappenersatz!

3.5 Gerüstfreie Klappen

3.5.1 Homograft/Stentlessklappe

Homografts sind konservierte Leichenklappen, wobei Aorten- und Pulmonalklappen kryokonserviert kommerziell erhältlich sind (Abb. 10). Sie werden innerhalb von 24 h nach dem Tod entnommen, in einem Antibiotika-Nährlösungs-Gemisch für 24 h inkubiert, in einer Nährlösung, die 10%iges Dimethylsulfoxid (DMSO) enthält, auf –196°C gekühlt und anschließend in Flüssigstickstoff gelagert. Die Implantation von Homografts ist beim Aorten- und Pulmonalklappenersatz Routine, der Mitralklappenersatz hat noch keine klinische Reife erlangt. Die Vorteile ihrer Verwendung liegen in der Verfügbarkeit auch kleiner

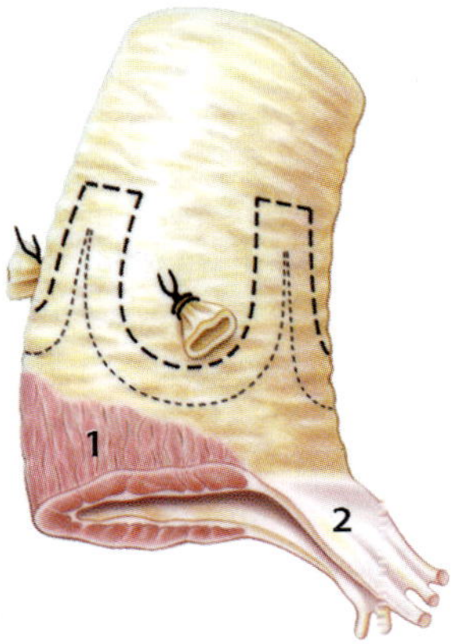

Abb. 10. Kommerziell erhältlicher Homograft mit septaler Muskulatur (*1*) und Teilen des vorderen Mitralsegels (*2*)

Größen (kein Gradient!), der fehlenden Notwendigkeit einer Antikoagulation und geringen Komplikationsraten, da weder Thrombembolien, noch paravalvuläre Lecks oder Hämolysen auftreten. Daher kann eine Implantation bei Patienten jeden Alters erfolgen. Besonders vorteilhaft sind sie bei einer Endokarditis mit ausgedehnten Gewebedestruktionen, da hierbei eine Implantation von Kunststoff vermieden werden kann und eine gewisse Anmodellierung des Homografts möglich ist, sowie bei Frauen mit Kinderwunsch und bei sportlich sehr aktiven Menschen. Vitale patienteneigene Pulmonalklappen, so genannte Autografts, sind bei Kindern und Jugendlichen aufgrund des Wachstumspotenzials besonders vorteilhaft (s. Abschnitt 3.5.2). Kontraindiziert sind Homografts bei Bindegewebserkrankungen wie dem Marfan-Syndrom, akuten rheumatischen Erkrankungen und verkalkten Koronarostien. Die Haltbarkeit der Homografts liegt theoretisch über der von Bioprothesen. Da sie biologischer Natur sind, unterliegen sie aber auch Degenerationsmechanismen, die Reoperationsrate liegt bei etwa 10% in 10 Jahren.

Stentlessklappen sind von Schweinen entnommene Aortenklappen, die zur besseren Implantation am unteren Ende mit einem Nahtring versorgt wurden, oder aus Rinderperikard hergestellte Klappen zum Mitralklappenersatz. Sie enthalten aber kein stabilisierendes Metallgerüst. Aortale Klappen stehen in Standardgrößen zur Verfügung und können ebenfalls sowohl für einen biologischen Klappenersatz als auch für einen Aortenwurzelersatz verwendet werden. Ihr Verhalten im Langzeitverlauf ist noch unklar.

Zur Implantation wird der Homograft in warmem Wasser aufgetaut und anschließend das DMSO ausgespült. Die Reste des Mitralsegels und des muskulären Septums werden abgetrennt, sodass unterhalb der Klappe ein 2–3 mm langer Rand bestehen bleibt. Die Stentlessklappe muss nur, wie herkömmliche Bioklappen auch, gespült werden.

Die Implantation des Homografts bzw. einer Stentlessklappe kann auf dreierlei Weise erfolgen:

1. Subkoronare (Freihand-)Technik
2. Miniroot-Technik
3. Wurzelersatztechnik

Das subkoronare Vorgehen (Abb. 11a) ist am ältesten. Hierbei werden die Klappensinus des Homografts exzidiert und die (zunächst eingestülpte) Klappe an ihrer Basis durch fortlaufende oder filzarmierte Einzelnähte zirkulär in Höhe des Klappensinusunterrands fixiert. Hierbei kann die Klappe auch um 120° gedreht werden, sodass der muskuläre Anteil nicht im linksventrikulären Ausflusstrakt zu liegen kommt. Anschließend wird sie wieder nach oben gestülpt und ihr Oberrand bzw. die Kommissuren mit der nativen Aorta vernäht. Der technisch anspruchsvolleren Implantationstechnik steht das fehlende Risiko einer Dilatation der Neoaortenwurzel gegenüber.

Bei der Miniroot-Technik („inclusion cylinder"-Technik) (Abb. 11b) bleibt die tubuläre Struktur der Klappe erhalten, d.h. die Klappensinus werden nicht exzidiert (Bentall-Technik [10]). Für die Anastomose der Koronarostien werden korrespondierende Öffnungen im Bereich der Klappensinus der Homografts geschaffen und diese mit der nativen Aorta vernäht. Das Homograftgewebe wird oberhalb des sinotubulären Übergangs abgeschnitten, und der Oberrand der Klappe mit der nativen Aortenwand durch eine fortlaufende Naht fixiert.

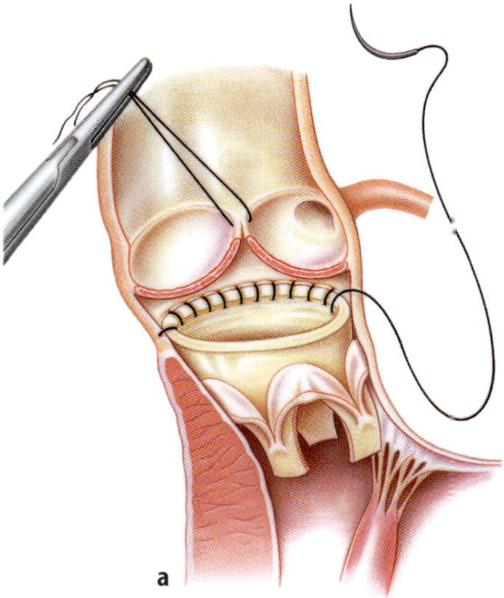

a

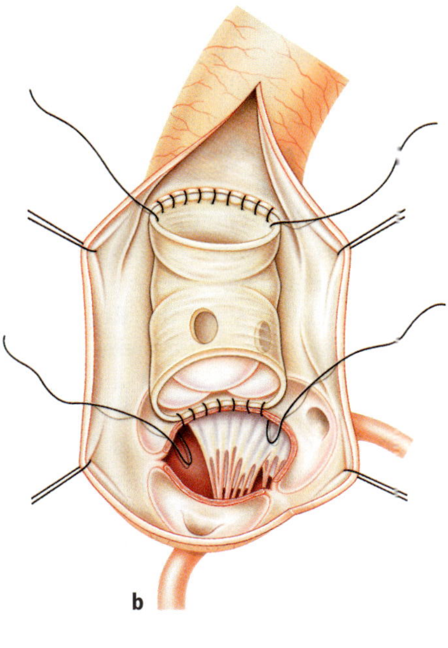

b

Abb. 11 a, b. Subkoronare und Miniroot-Technik: **a** Anlage der unteren Nahtreihe nach Einstülpen der Klappe bei der subkoronaren Technik, **b** Miniroot-Technik mit Reinsertion der Koronararterienostien in den Homograft

Beim Aortenwurzelersatz wird neben der kranken Aortenklappe auch die Aorta ascendens reseziert, die ansonsten durch den Homograft oder die Stentlessklappe gedoppelt würde. Die Koronarostien werden mit einem schmalen Saum Aortenwand isoliert. Die Implantation der Homografts erfolgt am Aortenanulus, nachfolgend werden die isolierten Koronarostien in den Homograft reinseriert und abschließend der Oberrand des Homografts mit dem distalen Aortenende End-zu-End anastomosiert. Auch hierbei kann die Rotation der Klappe um 120° sinnvoll sein (s. oben).

3.5.2 Ross-Operation

Hierbei werden die eigene Pulmonalklappe als Autotransplantat in Aortenposition (Autograft) und ein Homograft in Pulmonalposition implantiert [131]. Begründet wird dieser komplexe Eingriff damit, dass pulmonale Autografts in Aortenposition länger halten als aortale Homografts (Allografts) und Homografts in Pulmonalposition länger als in Aortenposition halten. Da die eigene Pulmonalklappe im Gegensatz zu den meisten kommerziell erhältlichen Homografts vital ist, erfüllt sie darüber hinaus die Qualitätskriterien einer optimalen Klappe hinsichtlich Morphologie, Hämodynamik, Kompatibilität, Vitalität, Sterilität, Wachstumsfähigkeit und Geräuschentwicklung am besten. Der entscheidende Nachteil der Ross-Operation besteht darin, dass aus einer 1-Klappen-Erkrankung eine 2-Klappen-Erkrankung entsteht.

Durchgeführt wird die Ross-Operation bei Patienten nahezu jeden Alters, sofern noch eine Lebenserwartung von mindestens 20 Jahren besteht. Sie ist auch bei jungen Patienten mit einer Prothesendysfunktion nach biologischem oder mechanischem Klappenersatz und bei einer Endokarditis möglich, sofern diese auf die Aortenwurzel begrenzt ist. Besonders profitieren auch Sportathleten von der fehlenden Notwendigkeit der Antikoagulation und den optimalen hämodynamischen Eigenschaften, da sie damit ihre volle Leistungsfähigkeit entfalten können. Kontraindikationen sind eine Mehrklappenpathologie, eine schwere koronare Herzerkrankung, eine deutliche Einschränkung der linksventrikulären Pumpfunktion und auch das Marfan-Syndrom.

Die Operationsletalität bei der Ross-Operation beträgt 2–5%. Früh postoperativ bestehende Aorteninsuffizienzen sind hauptsächlich auf technische Mängel zurückzuführen, eine Progression wird nur selten beobachtet. Die pulmonalen Homografts entwickeln zu einem geringen Prozentsatz Druckgradienten, die auf Abstoßungsreaktionen und Degeneration zurückgeführt werden. Die Ergebnisse der Ross-Operationsdatenbank weisen eine initiale Reoperationsrate für den Autograft von 4% und für den Homograft von 1,3% auf. Seitens des Langzeitverlaufs berichtete Ross [131] selbst über eine Reoperationsrate von nur 52% in 19 Jahren, wobei die 10-Jahres-Überlebensrate bei etwa 90% lag.

3.6 Endokarditis

Eine Endokarditis wurde erstmals durch Kay et al. [97] 1961 chirurgisch angegangen, wobei Vegetationen von *C. albicans* an einer Trikuspidalklappe entfernt wurden. Über einen Aortenklappenersatz bei einer aktiven Endokarditis, verursacht durch *Serratia marcescens*, wurde danach 1965 durch Wallace et al. [150] berichtet. Mittlerweile sind Klappenrekonstruktion und -ersatz Standard in der Endokarditischirurgie.

Die native Klappenendokarditis wird vorwiegend durch *Streptococcus viridans* (36%), *Staphylococcus aureus* (21%) und andere Streptokokken (11%) verursacht, während die Prothesenendokarditis v. a. durch eine Besiedelung mit *Staphylococcus epidermidis* (23%), *Streptococcus viridans* (18%) und *Staphylococcus aureus* (9%) entsteht.

3.6.1 Operationsindikation

Die Indikation zum herzchirurgischen Eingriff ist für die native Klappenendokarditis und für die Prothesenendokarditis prinzipiell identisch (Tabelle 8). Die Endokarditis per se stellt dabei keine Indikation dar, sondern nur die durch sie verursachten Komplikationen. Große endokarditische Thromben (>10 mm) und eine erhebliche hämodynamische Kompromittierung erfordern eine frühzeitige Operation. Generell ist es stets besser, präoperativ eine Antibiotikatherapie zu beginnen oder abzuschließen, eine dringlich indizierte operative Therapie sollte deswegen jedoch nicht verschoben werden.

Eine persistierende, antibiotisch nicht kontrollierbare Infektion ist anzunehmen, wenn sich die Symptomatik binnen 1 Woche Antibiotikatherapie nicht bessert oder Blutkulturen anhaltend positiv bleiben, da bei den meisten Patienten nach etwa 5 Tagen die Bakteriämie eliminiert ist.

Die Herzinsuffizienz ist die Hauptindikation für einen Klappeneingriff, sie liegt bei 2/3–3/4 aller Patienten vor. Allgemein gilt, dass eine Aortenklappeninsuffizienz eher zu einem Herzversagen führt als eine Mitralklappeninsuffizienz. Die Operationsindikation sollte im NYHA-Stadium III–IV gestellt werden, jedoch vor einer hämodynamischen Kompromittierung. Hierbei spielt das klinische Bild im Allgemeinen eine größere Rolle als der echokardiographische Befund. Allerdings können eine kardiale Vorerkrankung und extrakardiale Begleiterkrankungen

Tabelle 8. Operationsindikationen bei Klappenendokarditis

Absolut	– Persistierende, antibiotisch nicht kontrollierbare Infektion mit perivalvulärer Beteiligung – Valvuläre Herzinsuffizienz – Rezidivierende infektiöse Embolien durch Vegetationen
Relativ	– Anhaltende Endokarditis mit Fieber bei negativer Kultur 10 Tage nach Beginn der Antibiotikagabe – Endokarditis durch hochresistenten Keim – Pilzbedingte Endokarditis – Rezidiv nach Antibiotikatherapie (besonders bei Prothesenendokarditis) – Perivalvuläre Infektion (Abszess, Fistel) (ist in der Regel bei Prothesenendokarditis zu unterstellen)

wie eine Niereninsuffizienz das klinische Bild übermäßig verschlechtern. Auf eine Besserung der Symptomatik unter Antibiotikatherapie zu hoffen, ist gefährlich, obwohl das Operationsrisiko bei einer aktiven Endokarditis höher ist als bei einer anbehandelten oder ausgeheilten Infektion.

Seitens der stattgehabten Embolien gibt es keine klaren Regeln für die Operationsindikation. Zumeist wird eine Klappenoperation nach der zweiten Embolie unter adäquater Antibiotikatherapie favorisiert. Bei zerebralen Embolien wird häufig das günstigste Zeitintervall innerhalb von 48 h oder nach 2–4 Wochen gesehen. Besonders gefährlich sind Embolien, die mit einer zerebrovaskulären Schrankenstörung assoziiert sind, da hier zerebrale Einblutungen (ICB) während der extrakorporalen Zirkulation drohen. Eine enge Korrelation zwischen Größe der Vegetation, Embolierisiko und Letalität gibt es nicht, jedoch sollte die Embolieinzidenz unter Antibiotikatherapie abnehmen.

Fungale Endokarditiden lassen sich nur in Ausnahmefällen antibiotisch heilen und weisen eine deutlich schlechtere Prognose als bakterielle Endokarditiden auf. Candidainfektionen scheinen noch am ehesten auf eine antimykotische Therapie anzusprechen, während alle anderen Pilzarten ausschließlich operativ zu beherrschen sind.

Ein Endokarditisrezidiv bei nativer Klappe kann durch eine erneute Antibiotikatherapie behandelt werden, es sei denn, es bestehen eine perivalvuläre Infektion oder eine Antibiotikaresistenz. Beim ersten Rezidiv einer Prothesenendokarditis und beim Zweitrezidiv einer nativen Endokarditis ist stets eine Operationsindikation gegeben.

Eine paravalvuläre Infektion, d.h. eine Infektion über die Klappensegel hinaus, findet sich bei 10–20% der Fälle von nativer Endokarditis und in mehr als 50% der Fälle von Prothesenendokarditis. Typisch dafür sind persistierendes Fieber und echokardiographische Abszess- oder Fistelbildungen. Eine klare diesbezügliche Definition der Operationsindikation existiert nicht, da kleine Abszesse unter medikamentöser Therapie durchaus abheilen können. Bei paravalvulären Infektionen weisen Homografts die geringste Reinfektionsrate auf, da sie kein

Fremdmaterial beinhalten. Daher gilt die Endokarditis als Hauptindikation für eine Homograftimplantation.

3.6.2 Operationsverfahren

Prinzipiell entsprechen die Operationsverfahren denen beim normalen Klappenersatz. Allerdings verlangen perivalvuläre Infektionen häufig zusätzliche Maßnahmen. Abszesshöhlen müssen gesäubert und direkt oder mittels Perikardflicken verschlossen werden.

Bei einer Endokarditis wird, auch wenn es primär möglich erscheint, eine Rekonstruktion kritisch gesehen, da das Ausmaß der bakteriellen Besiedlung visuell nicht sicher beurteilt werden kann. Dies gilt insbesondere für eine Segelperforation, die relativ einfach durch einen Perikardflicken angegangen werden kann.

3.6.3 Intraoperative Probleme/Komplikationen

Das Hauptproblem beim endokarditischen Klappenersatz liegt in der Fragilität des Gewebes und im Gewebeverlust durch Abszedierung und Nekrosebildung. Bei ausgedehnten Destruktionen muss tiefer gestochen werden, damit die Nähte ausreichend Halt finden. Tiefe Stiche im Bereich des Ventrikelseptums bedingen eine erhöhte AV-Block-Gefahr.

Bei zerebralen Embolien besteht zudem die Gefahr einer intrakranialen Blutung (insbesondere während der extrakorporalen Zirkulation). Dennoch sollte eine begonnene Heparinisierung beibehalten werden. War zuvor keine solche erfolgt, sollte diese auch nicht begonnen werden.

3.6.4 Ergebnisse

Eine rein medikamentöse Therapie der Klappenendokarditis weist eine Letalität von etwa 75% auf (Todesursache in >90% der Fälle: Herzinsuffizienz), die chirurgische Behandlung eine von <25%. Ideal ist eine Kombination aus beidem, d.h. eine chirurgische Therapie mit antibiotischer Vorbehandlung (s. oben).

Nach Letzterer sind Blutkulturen zumeist negativ, die Keime bleiben aber in den Vegetationen überwiegend nachweisbar.

Das klinische Bild und die Dauer der Symptomatik sind prognostisch bedeutsam, d.h. eine kurze Anamnese weist auf eine bessere Prognose hin. Eine paravalvuläre Infektion kann zu einer technisch schwierigeren Operation führen und ist deshalb häufig mit schlechteren Ergebnissen behaftet.

Die Letalität bei nativer Klappenendokarditis liegt durchschnittlich bei etwa 10–12%, ein Frührezidiv entwickelt sich in 2% der Fälle. Hierbei weist eine floride Endokarditis ein Risiko bis >30% und eine gut vorbehandelte Endokarditis ein Risiko <5% auf. Hinsichtlich der Risikofaktoren scheinen Alter und Komorbidität bedeutsamer zu sein als die Anzahl und die Art der betroffenen Klappen. Die 5-Jahres-Überlebensrate liegt bei etwa 75%, sowohl für die Aortenklappen- als auch für die Mitralklappenendokarditis. Die Ergebnisse nach Prothesenendokarditis sind schlechter, die 5-Jahres-Überlebensrate liegt bei 50–60%, wobei die Reoperationsrate für Aortenklappen niedriger ist als für Mitralklappen.

Bei Pilzinfektion liegt die Letalität durchschnittlich bei etwa 50%. Für Candidainfektionen sind dabei niedrigere (etwa 40%) und für Aspergillusinfektionen wesentlich höhere (>80%) Letalitätsraten beschrieben.

Kapitel 4 Hypertrophe obstruktive Kardiomyopathie (HOCM)

Die hypertrophe obstruktive Kardiomyopathie (HOCM), auch idiopathische Subaortenstenose genannt, wurde erstmals 1869 beschrieben und findet sich bei etwa 0,2% der Bevölkerung [89, 111]. Bei etwa 25% der Patienten entsteht eine linksventrikuläre Ausflusstraktobstruktion, die schließlich symptomatisch und prognostisch bedeutsam wird. Hauptursache sind spontane Mutationen und eine familiäre autosomal-dominante Vererbung

4.1 Anatomie/Pathologie

Die HOCM ist durch eine asymmetrische Hypertrophie des interventrikulären Septums mit einer Verlagerung (Malalignment) des Mitralklappenapparats charakterisiert. Histologisch zeigt sich ein myozytäres Disarray, d.h. Verzweigungsstörungen der hypertrophierten Kardiomyozyten, wobei die normale parallele Anordnung aufgehoben ist. Die resultierende linksventrikuläre Obstruktion führt zu einer Zunahme des systolischen Ventrikeldrucks und nachfolgend zu einer Myokardhypertrophie mit vermehrtem myokardialem Sauerstoffverbrauch, allmählicher diastolischer Funktionsstörung und auch zu einer myokardialen Ischämie. Zwischen klinischem Zustand und Grad der Obstruktion besteht hierbei eine gewisse Korrelation.

Darüber hinaus spielt die Mitralklappe eine bedeutende Rolle. Häufig liegt eine systolische Vorwärtsbewegung (SAM: „systolic anterior motion“) des vorderen Mitralsegels vor, die in einer zusätzlichen subaortalen Stenose und in einem Koadaptationsverlust der Mitralsegel resultiert. In bis zu 44% der Fälle sind die Mitralsegel vergrößert und elongiert.

In der Regel wird die Erkrankung erst nach der Pubertät symptomatisch, wobei Dyspnoe und Angina pectoris dominieren. Von besonderer Bedeutung ist das Auftreten von Synkopen, die bei jungen Sportlern auch zum Tod führen können. Die Symptomatik ist bei der familiären Form am stärksten ausgeprägt, auch begleitende Herzrhythmusstörungen spielen hier eine Rolle.

4.2 Operationsindikation

Patienten mit nur geringen Beschwerden müssen nicht behandelt werden. Eine belastungsabhängige Symptomatik bessert sich unter medikamentöser Therapie mit Verapamil und β-Blockern, die deshalb Therapie der ersten Wahl ist. Kommt es hierunter jedoch zu keiner Besserung innerhalb von 6 Monaten oder zu einer erneuten Verschlechterung in Richtung NYHA III, ist ein operatives Vorgehen indiziert, ebenso ist bei Kindern mit erhöhtem Risiko eines plötzlichen Herztodes, bei bedrohlichen Tachyarrhythmien sowie bei familiärer Belastung mit Todesfällen.

4.3 Operationsverfahren

Das Standardverfahren ist die transaortale subvalvuläre Myektomie nach Morrow [122] (Abb. 12). Nach standardmäßiger Etablierung der extrakorporalen Zirkulation und kardioplegischem Herzstillstand wird die Aorta eröffnet und das rechte Aortensegel hochgeklappt. 5–10 mm unterhalb des Klappenanulus erfolgt eine quere Inzision, gefolgt von 2 parallelen, 1–1,5 cm auseinander liegenden, etwa 4 cm langen Schnitten in der septalen Muskulatur. Angestrebt wird, die Hälfte des Septums in diesem Bereich zu resezieren.

Neuere Konzepte implizieren eine Steigerung des Resektionsausmaßes, wobei der gesamte sichtbare Bereich des muskulären Septums ausgedünnt wird [117].

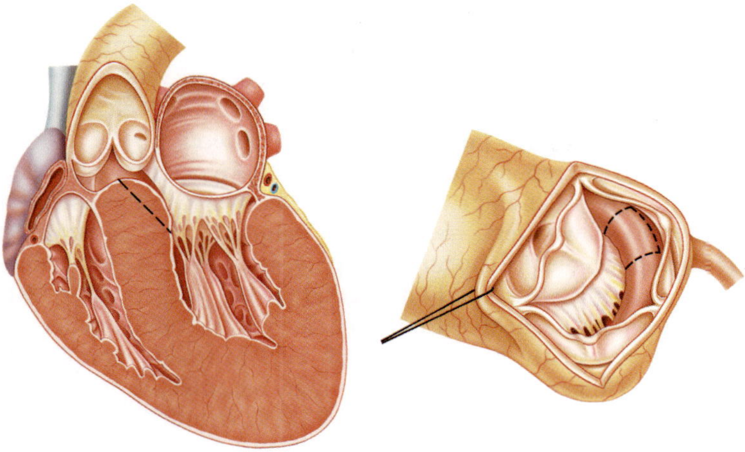

Abb. 12. Myektomie nach Morrow: rinnenförmige Exzision der Septummuskulatur

4.4 Intraoperative Probleme/Komplikationen

Die Myektomie ist schwierig, da die Exposition durch die Aortenklappe begrenzt ist und man an einer Stelle schneiden muss, die man nicht einsehen kann. Bei erfahrenen Gruppen liegt das Operationsrisiko bei isolierter HOCM jedoch unter 2%. Zu den typischen Komplikationen zählen eine Verletzung der Aortenklappe, der Mitralklappe und des Septums (VSD-Risiko bis 2%) sowie eine ungenügende Resektion.

4.5 Alternative Therapieverfahren

Ein nicht chirurgisches Verfahren ist die transkoronare Ablation der Septumhypertrophie (TASH), wobei Alkohol in den ersten septalen Ast injiziert wird [141]. Dieses Verfahren eignet sich besonders für Patienten, bei denen die Septumhypertrophie direkt unterhalb der Aortenklappe liegt, während die „mitventrikuläre“ HOCM damit weniger gut zu behandeln ist.

Eine operative Alternative zur Myektomie ist die DDD-Schrittmacherstimulation, worunter sich die Symptome bei manchen Patienten bessern und bei anderen verschlechtern. Die genaue Indikationsstellung ist noch unklar, jedoch scheinen ältere Patienten (>65 Jahre) davon zu profitieren.

Ein Mitralklappenersatz anstelle einer Myektomie wird gelegentlich bei Patienten mit einem dünnen Ventrikelseptum (<18 mm) favorisiert. Bei einer adäquaten intraoperativen transösophagealen Echokardiographie ist das VSD-Risiko jedoch vermutlich nicht erhöht. Lediglich bei ausgeprägter Mitralinsuffizienz nach Myektomie scheint ein Mitralklappenersatz sinnvoll. Alternativ kann aber auch eine Mitralklappenrekonstruktion erfolgen. Hierbei ist jedoch zu beachten, dass sich bei inadäquater Operationstechnik ein SAM („systolic anterior motion" der Mitralklappe) entwickeln kann, da das vergrößerte posteriore Segel vor dem anterioren schließt und Letzteres nach Rekonstruktion in den linksventrikulären Ausflusstrakt verlagert werden kann.

4.6 Ergebnisse

Patienten, bei denen Angina pectoris und Synkopen im Vordergrund stehen, erholen sich wesentlich besser als solche mit Dyspnoe. Ein besonderes Problem im Langzeitverlauf sind Rhythmusstörungen und der plötzliche Herztod trotz weitergeführter medikamentöser Therapie nach Operation.

Die Langzeitergebnisse der Morrow-Operation sind überwiegend zufrieden stellend (>70% nach 25 Jahren), insbesondere bei jüngeren Patienten (unter 40 Jahren: >90% nach 15 Jahren).

Kapitel 5 Aortenchirurgie

5.1 Thorakale Aortenaneurysmen

Vor der Einführung der Herz-Lungen-Maschine in die Klinik konnten nur Aneurysmen der Aorta descendens ersetzt werden, während die Ascendens- und Bogenaneurysmen nur lateral, d.h. partiell, reseziert wurden. Bereits 1951 ersetzten Lam u. Aram [105] ein Descendensaneurysma durch einen Homograft. Vergleichbare Eingriffe an einem Aneurysma der Aorta ascendens mit Resektion und Ersatz durch einen Homograft folgten erst 1953 durch Cooley u. DeBakey [30, 50]. Als sich die begrenzte Haltbarkeit der Homografts zeigte, wurden 1956 bzw. 1957 Dacron- und Teflonprothesen entwickelt. Zur selben Zeit wurde erstmals die thorakoabdominelle Aorta über den Truncus coeliacus, die A. mesenterica superior und die Nierenarterien hinweg ersetzt (1956) [52] und nach vielen unglücklichen Versuchen der erste Aortenbogenersatz mit einem Homograft verwirklicht (1957) [53]. Die Möglichkeit der Kombination der Aortenbogenchirurgie mit einem hypothermen Kreislaufstillstand wurde bereits 1964 durch Borst et al. [16] gezeigt, aber erst 1975 durch Griepp et al. [82] validiert. Ein Composite-Ersatz von Aortenklappe und Aorta ascendens folgte 1968 durch Bentall u. DeBono [10], nachdem Aorta ascendens und Aortenklappe bereits zuvor separat ersetzt worden waren.

Mittlerweile ist die Aortenchirurgie eine Domäne, die sich Herz- und Gefäßchirurgen teilen. Die Herzchirurgen versorgen hierbei in der Regel die Aorta ascendens, den Aortenbogen und die proximale Aorta descendens, aber nur gelegentlich ein thorakoabdominelles Aneurysma, während die Gefäßchirurgen in erster Linie die infrarenalen und mancherorts auch die thorakoabdominellen Aneurysmen versorgen. Darüber hinaus wird die Aorta descendens aufgrund der enormen Weiterentwicklung der Stenttechnologie häufig auch interventionell durch Radiologen angegangen [41]. Durch die Herzchirurgen wird in Deutschland ein Ascendensersatz mit Aortenklappe bei etwa 1000 Patienten und ohne Aortenklappenersatz bei etwa 700 Patienten pro Jahr durchgeführt. Der Aortenbogen wird etwa bei 270 Fällen, die Aorta descendens bei ungefähr 210 Fällen pro Jahr operativ versorgt.

5.1.1 Anatomie/Pathologie

Die Aorta beginnt am Anulus der Aortenklappe, d.h. unterhalb der Koronarostien. Der Aortenanulus hat einen kronenförmigen Verlauf und grenzt zu 45% an Myokard (interventrikuläres Septum) und zu 55% an fibröse Strukturen (Herzskelett). Entsprechend sind 2 der unterhalb der Kommissuren liegenden dreieckigen Areale fibrös und eines muskulär (zwischen linkem und rechtem Segel). Im Bereich zwischen dem Aortenanulus und dem sinotubulären Übergang liegen die Klappensinus, die mehrere Funktionen haben, welche bei rekonstruktiven Maßnahmen in der Aortenwurzelchirurgie bedeutsam sein können. Sie verhindern, dass die Aortenklappensegel die Koronarostien verlegen, und halten die Klappensegel von der Aortenwand weg, sodass die Klappe durch den Blutstrom problemlos geschlossen werden kann. Oberhalb der Sinus am sinotubulären Übergang ist die Aorta nicht selten bei jungen Menschen um 15–20% geringer im Durchmesser als am Aortenanulus (Tabelle 9).

Ein Aneurysma ist eine Erweiterung eines Gefäßes über das 1,5- bis 2fache seines Normalwerts – eine allgemeingültige Definition existiert nicht. Für die Aorta ascendens wird ein Durchmesser bis 2,1 cm/m^2 als normal angesehen, eine Erweiterung ab 4 cm als Aneurysma. Die Aorta descendens weist normalerweise einen Durchmesser von höchstens 1,6 cm/m^2 auf (entsprechend 2/3 der Aorta ascendens), ab 3 cm wird von

Tabelle 9. Normale Aortendurchmesser beim Erwachsenen [67, 130]

Durchmesser	Mann [cm]	Frau [cm]
Aortenanulus	2,6±0,3	2,3±0,2
Sinus valsalva	3,4±0,3	3,0±0,3
Aorta ascendens	2,9±0,3	2,6±0,3
Aorta descendens	1,7±2,8	3,0±0,3

einem Aneurysma gesprochen. Aneurysmen der Aorta ascendens wachsen durchschnittlich 1–1,3 mm pro Jahr, Aneurysmen der Aorta descendens sogar 1,9 mm pro Jahr.

Ein Aortenaneurysma entsteht zumeist durch eine Schwächung der Aortenwand, insbesondere der Media. Die Ursachen dafür können angeboren (z. B. Marfan-Syndrom, Ehler-Danlos-Syndrom, Loeys-Dietz-Syndrom) und erworben sein. Hauptursache thorakaler Aneurysmen ist die Mediadegeneration im Rahmen der Atherosklerose mit etwa 75%, wobei meist die Aorta ascendens und/oder descendens betroffen sind. Die pathologischen Veränderungen der Aortenbasis variieren mit dem Alter und den Strukturdefekten. Bei älteren Menschen führt die Entstehung eines Aorta-ascendens-Aneurysmas zu einer Aufweitung des sinotubulären Übergangs, wobei die Klappensinus und der Aortenanulus weitgehend normal bleiben. Bei jungen Patienten bildet sich häufig zunächst eine Ausweitung der Sinus, welche nachfolgend auf den sinotubulären Übergang und auf den Aortenanulus übergreift. Anuloektasien sind besonders bei Marfan-Patienten häufig.

Die Aortenaneurysmen werden entsprechend ihrer Lokalisation in Aneurysmen der Aorta ascendens, des Aortenbogens und der Aorta descendens unterschieden. Die Aneurysmen der Aorta descendens werden weiter nach Crawford eingeteilt, wobei auch die Mitbeteiligung der abdominellen Aorta Berücksichtigung findet (Tabelle 10).

Für die chirurgische Versorgung sind neben der Aorta bzw. der Lokalisation des Aneurysmas auch die supraaortalen Äste

Tabelle 10. Klassifikation der thorakoabdominellen Aortenaneurysmen nach Crawford

Typ	Charakteristika
I	Aneurysmatische Erweiterung der gesamten deszendierenden thorakalen sowie der proximalen abdominellen Aorta ohne Einbeziehung von Nieren- und Viszeralarterien
II	Erkrankung der gesamten deszendierenden thorakalen und abdomino-lumbalen Aorta
III	Aneurysmatische Erweiterung des mittleren und distalen Abschnitts der deszendierenden sowie der gesamten abdomino-lumbalen Aorta
IV	Befall des thorakoabdominellen Übergangs mit Einbeziehung der gesamten abdomino-lumbalen Aorta
V	Befall der abdominellen Aorta mit Einbeziehung der Nierenarterien

(A. lusoria!) und die A. radicularis magna (Adamkiewicz-Arterie [1]), welche für die Rückenmarkversorgung wichtig ist, bedeutsam. Die A. radicularis magna entspringt variabel aus der Aorta descendens, in 60% der Fälle im Bereich T9–T12, in etwa 15% darüber und in etwa 25% darunter.

5.1.2 Operationsindikation

Die Indikation für einen Ersatz der Aorta ist in erster Linie abhängig vom Durchmesser des Aneurysmas. Für die Aorta ascendens liegt die Grenze bei 50–55 mm, für die Aorta descendens bei 55–65 mm [65] (Marfan-Syndrom s. Abschnitt 5.3), da die Rupturgefahr ab diesen Größen überproportional ansteigt. Bedeutsam sind auch eine Zunahme der Größe oder Beschwerden innerhalb kurzer Zeit sowie eine begleitende Aortenklappeninsuffizienz. Weiterhin ist die Indikation bei drohender Perforation (zunehmender Perikarderguss/Pleuraerguss) und bei Kompression durch die Raumforderung (Rückenschmerzen, Heiserkeit) gegeben. Umstritten ist eine Operationsindikation, wenn bei einem herzchirurgischen Eingriff zufällig ein Aneurysma im Grenzbereich von 45–50 mm Durchmesser gefunden wird. Befürwortet wird sie in diesem Fall bei einer sehr dünnwandigen Aorta und einer schon leichten Aortenklappeninsuffizienz.

Die Indikation für den Klappenersatz folgt allgemein gültigen Kriterien. Bei Bindegewebserkrankungen oder einer Anulusdilatation ist ein Aortenwurzelersatz mit einem Homograft oder einer Stentlessprothese allerdings kontraindiziert.

5.1.3 Operationsverfahren

Aneurysmen der Aorta ascendens und des Aortenbogens werden über eine Sternotomie, Descendensaneurysmen über laterale Zugänge angegangen. Die aortale Kanülierung für die extrakorporale Zirkulation erfolgt beim reinen Ascendensaneurysma im proximalen Aortenbogen. Ist auch der Aortenbogen befallen, kann die arterielle Kanüle in die A. femoralis, den Truncus brachiocephalicus oder in eine A. subclavia eingebracht werden. Die venöse Kanülierung erfolgt stets am rechten Vorhof.

Aorta-ascendens-Ersatz. Für einen ausschließlichen Ersatz der Aorta ascendens wird die Aorta am Truncus abgeklemmt und das Herz kardioplegisch stillgestellt. Hierbei ist eine retrograde Gabe der Kardioplegielösung sinnvoll, da jederzeit Lösung nachgegeben werden kann, ohne dass der Eingriff an der Aorta unterbrochen werden muss. Die Aorta wird im befallenen Bereich reseziert und eine Dacronprothese interponiert. Ihre Größe orientiert sich am Durchmesser des sinotubulären Übergangs und des Aortenanulus, welcher meist das kleinere Lumen aufweist (s. oben). Günstig ist es, sie 10% kleiner als den Aortenanulus zu wählen. Dabei ist zu bedenken, dass kleine Rohrprothesen zu einer Nachlasterhöhung führen können. Bei zerbrechlicher Aortenwand kann die Naht über einen Filz- oder Perikardstreifen geführt werden, um eine bessere Hämostase zu erreichen. Alternativ kann die Aortenwand nach einer Längsinzision auch erhalten und damit die Prothese später wieder ummantelt werden (Graft-inclusion-Technik). Eine ausschließliche Ummantelung des Aortenaneurysmas mit einer Dacronprothese oder PTFE kann in Ausnahmefällen bei einer Kontraindikation zur Verwendung einer extrakorporalen Zirkulation indiziert sein und wird gelegentlich auch bei grenzwertigen Aneurysmen in Verbindung mit einer Reduktionsplastik angewandt [3].

▮ **Aorta-ascendens-Ersatz mit Aortenklappenersatz.** Beim Ersatz von Aorta ascendens und Aortenklappe erfolgt ein so genannter Composite-Ersatz, d.h. es wird eine Dacronprothese implantiert, an deren Ende eine Klappenprothese angebracht ist. Hierbei sind kommerziell nur mechanische Klappen erhältlich, ein Conduit mit einer biologischen Klappe muss vor dem Eingriff selbst erstellt werden. Prinzipiell sind 2 Operationstechniken möglich:

1. Die Implantation kann innerhalb des belassenen Aneurysmas bzw. unter Erhalt der Aortenwand erfolgen. Zunächst werden Klappennähte wie beim einfachen Aortenklappenersatz vorgelegt und nachfolgend durch den Prothesenring geführt. Nachdem die Klappe im Anulus verankert ist, werden die Koronararterien reinseriert. Gegenüber den beiden Koronarostien werden mit einem ophthalmologischen Elektrokauter etwa 8–10 mm große Löcher, die nicht zu klein sein sollten, in die Prothese geschnitten und die Koronarabgänge eingenäht (Bentall-Technik [10]). Alternativ können die beiden nativen Koronarostien mit einer 8-mm-Dacronprothese End-zu-End verbunden und diese danach wiederum mit der Ascendensprothese Seit-zu-Seit anastomosiert werden (Cabrol-Technik [22]). Nachdem die Prothese in die distale Aorta ascendens End-zu-End eingenäht wurde, wird der Aneurysmasack nach entsprechender Größenreduktion zur besseren Hämostase über der Prothese wieder verschlossen. Liegen starke Sickerblutungen in den Raum zwischen Prothese und Aneurysmasack vor, kann auch ein abführender Shunt zum rechten Vorhof mit einer 6-mm-Dacronprothese, evtl. auch durch eine direkte Anastomose, angelegt werden (Cabrol-Shunt [22]). Da es bei dieser Graft-inclusion-Technik im Langzeitverlauf zu Ablösungen der Koronarostien und zu einer Pseudoaneurysmenbildung an den Nahtreihen kommen kann, ist sie heutzutage weitgehend verlassen.

2. Die bessere Operationstechnik ist der so genannte Wurzelersatz. Der Aneurysmasack wird bis zum Aortenklappenanulus reseziert. Die Koronarostien werden mit einem schmalen Rand Aortengewebe isoliert, d.h. das proximale Ende der beiden Koronargefäße (etwa 10–15 mm) einschließlich des aortalen Mündungsbereichs wird freipräpariert. Am Aortenanulus werden nun Klappennähte vorgelegt und nachfolgend das Conduit am Klappenring fixiert. Zur besseren Hämostase kann noch eine fortlaufende kräftige Prolenenaht überwendlich über die Klappennähte gelegt werden, da dieser Bereich später teilweise nicht mehr erreichbar ist. Die isolierten Koronarostien werden End-zu-Seit in die Prothese implantiert, nachdem dort die entsprechenden Löcher mit dem Elektrokauter geschaffen worden sind. Zur Sicherheit kann eine Dichtigkeitsprüfung der Anastomosen durch eine antegrade Gabe von Kardioplegielösung über die Prothese erfolgen. Abschließend wird die Rohrprothese mit der distalen Aorta ascendens End-zu-End anastomosiert, eine Ummantelung unterbleibt. Auch ein Wurzelersatz mit einer gerüstlosen Klappe („stentless valve") oder einem Homograft ist möglich, jedoch müssen diese manchmal aufgrund ihrer kurzen Aortenlänge mit einer Dacronprothese verlängert werden.

Der getrennte Ersatz von Aortenklappe und Aorta ascendens erfolgt nur in seltenen Fällen, da bei pathologisch veränderter Aortenwand in dieser Prädilektionsstelle ein Aneurysma entstehen kann.

Aorta-ascendens-Ersatz mit Aortenklappenrekonstruktion. Unter dem Ziel, die Aortenklappe im Rahmen einer Aneurysmaresektion möglichst zu erhalten, wurden in den letzten Jahren zahlreiche Operationsverfahren entwickelt und popularisiert. Die wichtigsten sind in Tabelle 11 aufgeführt.

Bei der so genannten David-Operation (David I, David IV und David V) wird die Aorta ascendens einschließlich der Klappensinus exzidiert. Eine Rohrprothese wird über die Klappe gestülpt und über von innen nach außen subanulär gestochene filzver-

Tabelle 11. Rekonstruktion der Aortenklappe und Ersatz der Aorta ascendens

Bezeichnung	Art der Operation	Vorteile	Nachteile
Reimplantation			
David I	Exzision der Klappensinus und Reimplantation der Klappe in eine an der Aortenbasis fixierte Rohrprothese	Anulusstabilisierung (Verhinderung einer Anulusdilatation)	Klappensegel kommen mit Rohrprothese in Kontakt, wenn herkömmliche Rohrprothese verwendet wird
David IV	Zusätzlich: Größere Prothese mit Pseudosinusbildung durch Abnäher im sinotubulären Übergang		
David V	Zusätzlich: Größere Prothese mit Pseudosinusbildung durch Abnäher im sinotubulären Übergang und am Klappenanulus	Imitation der Klappensinus	Technisch aufwändig
Remodelling			
Yacoub bzw. David II	Exzision der Klappensinus und Implantation einer Aortenprothese, die zungenförmig in die 3 Klappensinus reicht		Keine Kontrolle des Anulus → Gefahr der Anulusdilatation
David III	Zusätzlich: Anulusstabilisierung mit einem Teflonfilzstreifen		Nur partielle Anuluskontrolle
Resuspension			
	Plastische Rekonstruktion der Klappensinus mit suprakoronarem Aortenersatz	Technisch einfach	Belassen von erkranktem Aortengewebe in den Klappensinus, keine Kontrolle des Anulus, sofern keine zusätzliche Anulusstabilisierung

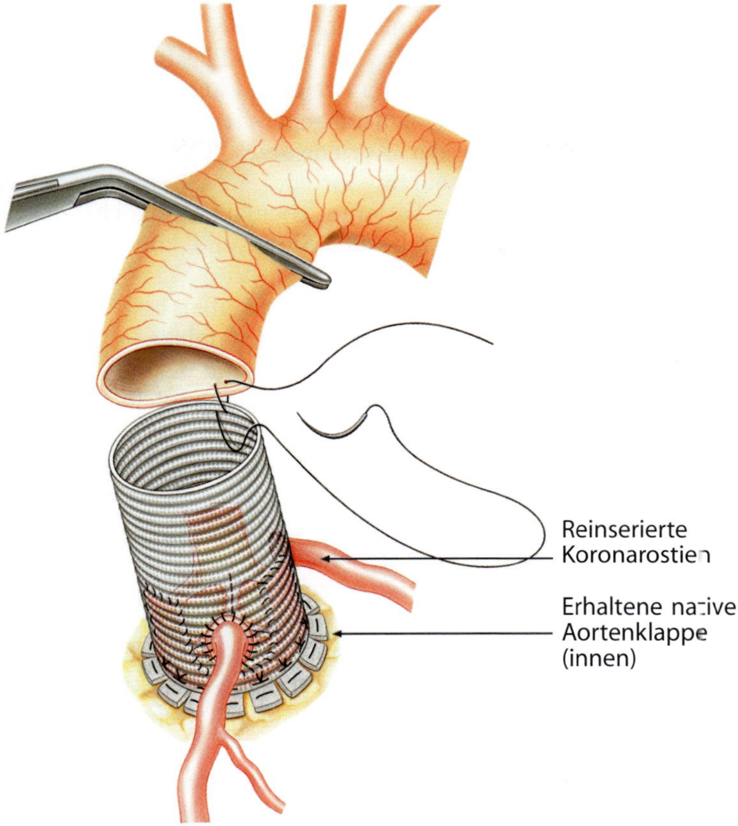

Abb. 13. Aorta-ascendens-Ersatz nach David I: Rohrprothese am Aortenanulus verankert

stärkte Klappennähte fixiert. Die erhaltene Klappe wird in die Rohrprothese eingenäht, und die Koronarostien werden reinseriert (Abb. 13). Bei den Varianten David IV und V wird versucht, durch Abnäher an der Prothese Klappensinus zu erzeugen.

Bei der Yacoub-Technik (auch David II genannt) wird die Aorta in identischer Weise reseziert. Die Prothese wird so zugeschnitten, dass sie zungenförmig in die 3 Klappensinus reicht. Der Klappenanulus bleibt unangetastet. (Bei der David-III-Variante wird ein Teil des Anulus mit einem Filzstreifen gerafft – dies wird aber häufig nicht als ausreichend angesehen.) Die Koronararterien werden abschließend reinseriert.

Eine Rekonstruktion der Aortenwurzel mit nachfolgendem ausschließlich suprakoronarem Aortenersatz (Resuspension) ist als technisch einfachste Variante ebenfalls möglich, belässt jedoch das erkrankte Gewebe der Sinus und kontrolliert den Anulus nicht.

Entsprechend der operativen Möglichkeiten bzw. Vor- und Nachteile der einzelnen Verfahren können folgende Indikationen abgeleitet werden, obwohl diese aufgrund des hohen operationstechnischen Schwierigkeitsgrads bislang nicht allgemein gültig sind:

- Bei Patienten mit einem erweiterten sinotubulären Übergang, aber normalem Anulus ist eine Yacoub- oder David-II/III-Operation (Remodelling) möglich. (Aufgrund der technischen Schwierigkeit erfolgt jedoch zumeist bei wenig veränderten Klappensinus ein ausschließlicher suprakoronarer Aortenersatz.)
- Patienten mit einem dilatierten Anulus, erweiterten Sinus und erweitertem sinotubulären Übergang werden am besten mit einer David-I/IV/V-Operation versorgt (Reimplantation).

Aortenbogenersatz. Soll der Aortenbogen (mit)ersetzt werden (Abb. 14), gibt es mehrere operationstechnische Möglichkeiten: hypothermer Kreislaufstillstand, „low flow“ und zerebrale Perfusion.

- Für einen hypothermen Kreislaufstillstand wird der Patient mit Hilfe der extrakorporalen Zirkulation unter Gabe eines α-Blockers (z. B. Phentolamin) auf $<20\,^{\circ}C$ abgekühlt (EEG-Aktivität ist bis $13\,^{\circ}C$ sichtbar!). Dies sollte mit α-stat erfolgen, das dies die Autoregulation erhält und den Blutfluss entsprechend dem metabolischen Bedarf limitiert (pH-stat verhindert die Autoregulation und führt zu einer intrazellulären

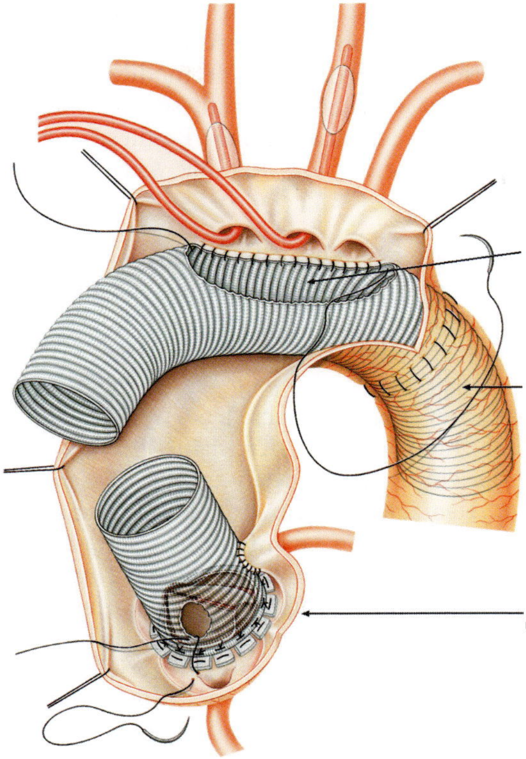

Abb. 14. Ersatz von Aorta ascendens und Aortenbogen

Azidose) [88]. Während des Abkühlens kann eine mitbetroffene Aorta ascendens im Bereich des Truncusabgangs abgeklemmt und nach Gabe von Kardioplegielösung wie zuvor ersetzt werden. Danach wird der Kreislaufstillstand herbeigeführt und der Aortenbogen kleinkurvatur- bzw. linksseits längs eröffnet und inspiziert. Eine passende Dacronprothese wird zunächst distal mit einer fortlaufenden Naht eingenäht, wobei ein Perikard- oder Filzstreifen als Widerlager dienen können. Nachfolgend werden die Kopfgefäße in toto als Flicken kranial in die Prothese eingenäht. Unter sorgfältiger

Entlüftung kann die Prothese proximal der reinserierten Kopfgefäße wieder abgeklemmt und der Körper der Patienten einschließlich des Zerebrums wieder perfundiert werden. Der Patient wird aufgewärmt, und die Prothese wird mit der Aorta ascendens bzw. der Aorta-ascendens-Prothese anastomosiert. Eine Ummantelung der Prothese mit Aneurysmagewebe ist möglich.

- Bei der „low flow"-Perfusion wird über die Femoralkanüle ein geringer Fluss aufrechterhalten, um die Gefahr einer Rückenmark- und Mesenterialischämie zu vermindern. Das Gehirn wird hierbei nicht oder nur ungenügend versorgt.

- Eine zerebrale Perfusion ist auf verschiedene Weise möglich. Früher wurde nach Induktion des Kreislaufstillstands und Eröffnen der Aorta ein Ballonkatheter in die Ostien der Kopfgefäße gelegt. Heutzutage wird eine Kanülierung des Truncus oder der rechten A. subclavia (ggf. über eine 8-mm-Dacronprothese) mit der Aortenkanüle bevorzugt. Durch ein Abklemmen des Truncus am Abgang aus dem Aortenbogen lässt sich so auf einfachste Weise eine kontinuierliche zerebrale Perfusion etablieren. Der Rückfluss des arteriellen Bluts über die Mündung der linken A. carotis und der linken A. subclavia in das Lumen des Aortenbogens zeigt an, wie gut die Kollateralversorgung über den Circulus Willisii funktioniert. Bei hohem linksseitigen Rückfluss wird der Abgang der A. carotis sinister (ebenfalls) okkludiert, um die linksseitige Zerebralperfusion zu steigern, bei einem geringeren Rückfluss ist auch eine zusätzliche Perfusion über einen Ballonkatheter möglich. Eine direkte Kanülierung aller supraaortalen Äste ist ebenfalls denkbar, wird aber aufgrund der häufig verkalkten oder zerbrechlichen Gefäße eher als problematisch angesehen. Die selektive arterielle zerebrale Perfusion (40–60 mmHg) erfolgt mit etwa (5–)10 ml/kg/min, abhängig von der Körpertemperatur. Wird in den Truncus brachiocephalicus, d.h. auch in die rechte A. subclavia (und A. vertebralis), infundiert, ist eine Orientierung am Druck der rechten A. radialis möglich. Im Vergleich zum hypothermen Kreislaufstillstand herrscht hierbei keine strikte Zeitbegrenzung, da das Gehirn wesentlich besser geschützt wird.

Darüber hinaus ist auch eine retrograde Perfusion (25–35 mmHg) über die Jugularvenen möglich, die jedoch mit einer höheren Hirnödemneigung assoziiert ist und daher kaum noch angewandt wird.

Besteht ein Aneurysma nicht nur im Aorta-ascendens-Bogen-Bereich, sondern auch in der Aorta descendens, wird die Bogenprothese so implantiert, dass die distale Anastomose etwa 5–8 cm vor dem Prothesenende angelegt wird, sodass das 5–8 cm lange distale Prothesenende frei in der Aorta descendens flottiert („elephant trunk"-Technik [17]). In einer 2. Sitzung kann die Aorta descendens ersetzt und die Descendensprothese mit dem flottierenden Ende der Bogenprothesen verbunden werden.

Bei einer erheblichen Dilatation der gesamten Aorta kann ein zweizeitiger Ersatz derselben schwierig sein, da die „elephant trunk"-Anastomose nicht sicher angelegt werden kann. In diesen Fällen bietet die „arch first"-Technik eine Alternative. Über eine bilaterale Thorakotomie im 4. Interkostalraum wird nach Etablierung der extrakorporalen Zirkulation und Abschalten der linken Lunge die gesamte thorakale Aorta dargestellt und ein hypothermer Kreislaufstillstand eingeleitet. Zunächst wird der Aortenbogen unter Reinsertion der supraaortalen Äste ersetzt, danach wird die Prothese weiter zur Versorgung der Aorta descendens genutzt [119].

Aorta-descendens-Ersatz. Ist ausschließlich die Aorta descendens aneurysmatisch erweitert, ist das operative Vorgehen ein anderes. Die Patienten werden in Rechtsseitenlage mit Dorsalrotation des Beckens gelegt, da als Zugang eine laterale Thorakotomie dient. Hoch liegende Aneurysmen werden über den 4./5., tief liegende über den 6./7. Interkostalraum (ggf. unter Resektion der 7. Rippe), angegangen. Bei thorakoabdominellen Aneurysmen erfolgt zusätzlich eine abdominelle Inzision unter zirkumferenter Ablösung des Zwerchfells mit einer (bevorzugt) extraperitonealen Präparation der Aorta. Statt des früher teilweise verwendeten Gott-Shunts (9-mm-Aorta-ascendens-Aorta-descendes-Shunt) [80] wird heutzutage ein Linksherzbypass oder eine Herz-Lungen-Maschine verwendet, da das Herz bei abgeklemmter Aorta descendens die supraaortalen Äste, jedoch nicht die untere Körperhälfte adäquat versorgen kann. Für den Linksherzbypass wird eine Kreiselpumpe proximal am linksventrikulären Apex, linken Herzohr oder der linken unteren Lungenvene und distal an der Femoralarterie angeschlossen. Der Pumpenfluss wird so gewählt, dass oberhalb und unterhalb des Aneurysmas identische Drücke bestehen (1,5–3,5 l/min). Nur bei einer zu erwartenden Aortenklemmzeit <30 min und gering ausgeprägtem Aneurysma kann die Clamp-and-run-Technik, d.h. einfaches Abklemmen mit fortlaufender Naht, angewandt werden.

Für den Ersatz des Aneurysmas der Aorta descendens gibt es verschiedene Techniken. Verfügt man über die Möglichkeit, somatosensorische evozierte Potenziale zu messen, kann das aneurysmatische Aortensegment noch vor Installation des Linksherzbypasses zunächst unter schrittweiser Durchtrennung der temporär okkludierten Interkostalgefäße (8–10 min) mobilisiert werden. Nachfolgend wird die Aorta oberhalb und unterhalb des Aneurysmas abgeklemmt und das Aneurysma eröffnet (oder reseziert). Bei einem Potenzialverlust erfolgt eine temporäre Perfusion großer Interkostalgefäße. Eine imprägnierte Dacronprothese wird mit einem Filzstreifen als Nahtwiderlager interponiert. Hierbei kann die distale Anastomose auch „offen", d.h. ohne distale Klemme bei hochnormalem Blutdruck (Mitteldruck 80–100 mmHg) unter partieller Exsanguination angelegt werden. Ohne Potenzialmessung können die Interkostalgefäße nach Abklemmen der Aorta und Eröffnen des Aneurysmas bzw. das Paraplegierisiko nicht beurteilt werden, weswegen bei dieser Technik v. a. die vermeintlich wichtigen Interkostalgefäße im unteren Thorakalbereich reinseriert werden (Abb. 15). Große Interkostaläste ohne Sickerblutung sollten hierbei eher reinseriert werden als blutende Gefäße, da Letztere Ausdruck einer guten Kollateralisation sind (Eine temporäre Okklusion der-

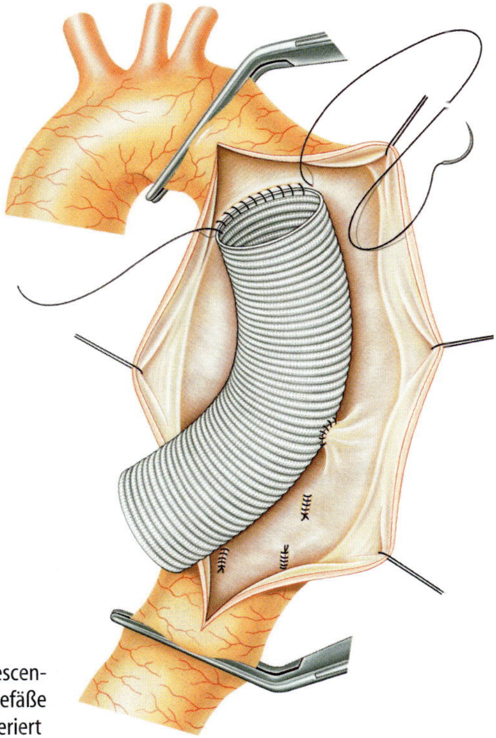

Abb. 15. Ersatz der Aorta descendens: wichtige Interkostalgefäße werden in die Prothese reinseriert

selben erhöht die Perfusion des Rückenmarks). Die großen viszeralen aortalen Äste (Truncus coeliacus, A. mesenterica superior, Nierenarterien) können zur Vermeidung einer ischämischen Organschädigung über Ballonkatheter mit Blut bzw. Konservierungslösung perfundiert werden. Nachfolgend kann die aneurysmatische Aortenwand, sofern sie nicht reseziert wurde, verkleinert und über der Prothese wieder vereinigt werden.

Ein hypothermer Kreislaufstillstand ist sinnvoll, wenn auch der Aortenbogen mitbefallen ist, d.h. wenn proximal die linke A. subclavia mitgeklemmt werden muss (theoretische Kompromittierung der Rückenmarkperfusion, klinisch vermutlich unbedeutsam) und wenn die Aorta stark atheromatös verändert ist, sodass die Gefahr zerebraler Embolien besteht.

5.1.4 Intraoperative Probleme/Komplikationen

Ein großes Problem der Aortenchirurgie ist die lange Ischämiezeit für das Herz und bei hypothermem Kreislaufstillstand und fehlender zerebraler Perfusion auch für das Gehirn (häufigstes neurologisches Defizit: Gedächtnisstörung). Aus diesem Grund sind retrograde Kardioplegiekatheter und bei der Aortenbogenchirurgie zerebrale Perfusionskatheter und eine Kanülierung der A. subclavia vorteilhaft. Kardioplegielösung und zerebrale Perfusion können appliziert werden, ohne dass die Aortenchirurgie dafür unterbrochen werden muss.

Aorta-ascendens-Aneurysmen weisen oft eine zerbrechliche Wand und auch Verkalkungen auf, die die Verankerung einer Rohrprothese schwierig gestalten können. Hier sind Widerlager mit Filz- oder Perikardstreifen sehr hilfreich. Eine exakte Nahttechnik ist dabei sehr wichtig, da die Gerinnung insbesondere nach tiefer Hypothermie erheblich kompromittiert und die Aortenbasis in der Reperfusionsphase häufig nicht mehr angehbar sind.

Bei extrem verkalkten Koronarostien kann u.U. die Cabrol-Technik, d.h. die Anastomosierung der Koronarostien mit einer Rohrprothese, einfacher sein. Bei Verwendung der Bentall-Technik können periprothetische Blutungen über einen Shunt in den rechten Vorhof abgeleitet werden (Cabrol-Shunt [22]). Sobald das Heparin antagonisiert ist und sich die Gerinnung bessert, nimmt der Blutfluss über den Shunt ab und Letzterer verschließt sich spontan.

Eine sorgfältige Entlüftung der Aorta ist wichtig, um die ohnehin bestehende Gefahr zerebraler Ischämien zu vermindern. Bei der Aortenbogenchirurgie wird daher von mancherorts ein geringer distaler Fluss aufrechterhalten, der zudem auch für die Protektion des Rückenmarks vorteilhaft ist.

Ein „elephant trunk“ darf nicht zu lang gewählt werden, um einen nachfolgenden Ersatz der Aorta descendens zu erleichtern. Ab einer Länge von 10–15 cm Länge besteht eine Paraplegiegefahr.

5.1.5 Ergebnisse

Beim suprakoronaren Aortenersatz und beim Composite-Ersatz liegt das Letalitätsrisiko bei etwa 5–15% bzw. 2,5–10%. Die 5-Jahres-Überlebensrate nach Ersatz der Aorta ascendens liegt bei etwa 65–75%. Zusätzliche distalere Aneurysmen, z.B. im Aortenbogen, sind hierbei prognostisch ungünstiger.

Bei der Aortenbogenchirurgie hängt der Erfolg in hohem Maß von der Erfahrung des Chirurgen ab. In geübten Händen liegt die Letalität bei etwa 10%, wobei die meisten Patienten aufgrund kardialer Ursachen sterben. Das Apoplexrisiko kann <5% liegen, selbst wenn keine zerebrale Perfusion erfolgt. Das Langzeitergebnis beim Aortenbogenersatz liegt bei etwa 75% nach 5 Jahren, kann aber bei unvollständigem Bogenersatz bzw. zusätzlichem unversorgtem Aorta-descendens-Aneurysma deutlich schlechter sein.

Bei einem Ersatz der Aorta descendens liegt die Letalität bei etwa 10–15%, wobei ein höheres Alter, eine atherosklerotische Genese des Aneurysmas, ein Notfalleingriff und eine präoperative Herzinsuffizienz Risikofaktoren darstellen. Das Risiko einer Paraplegie liegt im Mittel bei etwa 5–10% und hängt bei fehlender distaler Perfusion in erster Linie von der Aortenabklemmzeit ab. Unterhalb von 30 min liegt es bei 3%, bei 30–35 min Klemmzeit bei 10% und ab 60 min bei 25%. Neben der Aortenklemmzeit sind die Höhe der Aortenabklemmung, das Ausmaß der Aortenausklemmung und die Körpertemperatur von Bedeutung. 5-Jahres-Überlebensraten liegen bei etwa 60%, nach 10 Jahren leben noch 40% der Patienten. Haupttodesursachen sind weitere Manifestation der Atherosklerose wie eine koronare Herzerkrankung, Schlaganfall und weitere Aneurysmen.

5.2 Aortendissektion

Dieser Begriff wurde 1826 von Laennec eingeführt, eine erfolgreiche operative Versorgung erfolgte erstmals 1954 durch DeBakey et al. [51]. Aortendissektionen entstehen in den westlichen Industrieländern mit einer Häufigkeit von etwa 5 Fällen pro 1000 Einwohner. Sie können die gesamte Aorta einschließlich der abgehenden Äste betreffen. Sie werden zumeist entweder nach DeBakey et al. [54] in Typ I (gesamte Aorta), Typ II (nur Aorta ascendens) und Typ III (nur Aorta descendens) oder durch die Stanford-Klassifikation [39] in Typ A (Sternotomiezugang) und Typ B (lateraler Zugang) eingeteilt. Mit der Erkenntnis, dass intramurale Hämatome und Aortenulzera Vorstufen von Aortendissektionen sind, wurde von Svensson et al. [143] eine weitere (Sub-)Klassifikation vorgeschlagen. Während die DeBakey-Klassifikation die Lokalisation des primären Einrisses (engl. „entry") und die Längenausdehnung des Aneurysmas berücksichtigt, werden bei der Stanford-Klassifikation lediglich die Längenausdehnung bzw. der Befall der Aorta ascendens, nicht aber das Entry berücksichtigt. Dies ist einfacher und entspricht den klinischen Behandlungskonzepten.

5.2.1 Anatomie/Pathologie

Atherosklerose ist die Hauptursache für die Entstehung von Aortenaneurysmen, es kommt dabei zu einer Verdickung, Fibrosierung und Kalzifizierung der Intima. Durch die Intimaverdickung vergrößert sich der Abstand zwischen Endothel und Media, wodurch die Versorgung der Gefäßwand mit Sauerstoff und Substraten schlechter wird. Die glatten Muskelzellen werden schließlich nekrotisch, die Media wird dünner und die elastischen Strukturen fibrosieren [68, 83]. Intimarupturen führen zu einer intramuralen Aortenwandeinblutung, die nachfolgend durch den intraaortalen Druck zur progredienten Aortendissektion führt. Hauptursache ist die langjährige arterielle Hypertonie. Seltene Ursachen sind eine Takayashu-Arteriitis,

Morbus Behcet, Riesenzellarteriitis, rheumatoide Arteriitis und Morbus Reiter. Gelegentlich treten Aortendissektion auch während einer Schwangerschaft auf, sie finden sich dann bevorzugt im 3. Trimenon.

In 65% der Fälle entsteht der primäre Einriss (Entry) in der Aorta ascendens, typischerweise quer und etwa 2 cm oberhalb der Aortenklappe anterior rechts. Diese Stelle erklärt sich durch die hohe Druckbelastung in der systolischen Pulsation. Im Bogen findet sich das Entry in 10%, in der proximalen Aorta descendens in 20% und distal davon in nur 5% der Fälle. Eine hohe Koinzidenz findet sich bei Patienten mit bikuspider Aortenklappe. Nach proximal zieht die Dissektion häufig zum rechts- oder akoronaren Taschensegel, wobei das rechte Koronarostium und die Klappenkommissuren involviert sein können. Ein assoziiertes Hämatom kann sich sogar bis in das Vorhofseptum ausbreiten und eine Blockbildung verursachen. Nach distal findet sich das falsche Lumen zumeist entlang der Außenseite des Aortenbogens, wobei die Dissektion bis in die Kopfgefäße reichen kann, um links anterolateral in die Aorta descendens zu ziehen.

Bei der Typ-B-Dissektion findet sich der Intimaeinriss unmittelbar distal des Abgangs der linken A. subclavia. Hier geht die relativ mobile Aorta ascendens mit dem Aortenbogen in die immobile Aorta descendens über. Dadurch entstehen in diesem Bereich besonders hohe Torsions- und Flexionskräfte während des Herzzyklus. Der Intimaeinriss breitet sich normalerweise nach distal aus, kann sich aber auch nach proximal fortsetzen, es wird dann von einer retrograden Typ-A-Dissektion (Dissektion in der Aorta ascendens bzw. dem Aortenbogen ohne Entry in diesem Bereich) gesprochen.

Die Sicherung der Diagnose erfolgt in der Regel über eine transösophageale Echokardiographie, bei der neben dem Ausmaß des Intimaeinrisses auch die Aortenklappe, die in etwa in 30–40% der Fälle eine operative Maßnahme erfordert, beurteilt werden kann. Ein CT oder eine Angiographie sind für die Operationsindikation nicht notwendig, können aber wertvolle Hinweise bringen. Durch eine aortale Angiographie kann eine Malperfusion der viszeralen Gefäße, durch eine Koronarangiographie eine koronare Malperfusion oder eine begleitende koronare Herzerkrankung nachgewiesen werden.

5.2.2 Operationsindikation

Jede akute Aortendissektion, welche die Aorta ascendens oder den Aortenbogen involviert (Typ-A-Dissektion), stellt eine Operationsindikation dar, da sie zu einer lebensbedrohlichen akuten Aortenruptur, einer Aortenklappeninsuffizienz, einem Myokardinfarkt durch Verlegung eines Koronarostiums oder einer Karotisminderperfusion führen kann. Die Letalität der Typ-A-Dissektionen, welche mit 60% am häufigsten sind, liegt bei etwa 1%/h in den ersten 48 h! Ein intramurales Hämatom der proximalen Aorta oder des Aortenbogens, das noch nicht zu einer Dissektion der aortalen Wandschichten geführt hat, gilt als Vorstufe der Aortendissektion und bedingt bei ausgedehntem oder progredientem Befund in identischer Weise die Operationsindikation bzw. das Operationsverfahren.

Ein Apoplex und eine Paraplegie werden häufig als Kontraindikation für einen Notfalleingriff angesehen. Sie sind zwar Risikofaktoren, weisen aber postoperativ eine gute Rückbildungstendenz auf. Daher sollten sie nicht grundsätzlich als Kontraindikation gelten.

Chronische Dissektionen im Bereich der Aorta ascendens bzw. des Aortenbogens mit teilthrombosiertem falschem Lumen sind hinsichtlich einer operativen Intervention wie Aortenaneurysmen zu werten, da die Rupturgefahr wesentlich geringer ist (s. Abschnitt 5.1.2). Sie können dementsprechend elektiv operiert werden.

Eine akute Typ-B-Dissektion wird weitgehend konservativ, d.h. nur durch Blutdruckregulation, behandelt. Gründe für ein operatives Vorgehen sind eine retrograde Dissektion nach proximal, eine Malperfusion der abdominellen Organe, eine drohende Ruptur (periaortales oder mediastinales Hämatom) und anhaltende Schmerzen, da unkomplizierte Dissektionen der Aorta descendens ansonsten eine identische Prognose unter konservativer Therapie aufweisen. Eine Ischämie der unteren Extremitäten ist dagegen einfacher angehbar. Hier kann interventionell oder chirurgisch eine Fensterung der Dissektionsmembran durchgeführt werden. Seit einigen Jahren wird als Alternativverfahren auch die interventionelle Implantation eines oder mehrerer ummantelter Stents angesehen. In der Aorta descendens ist dies zumeist problemlos möglich. Muss dabei der Abgang der linken A. subclavia für eine sichere proximale Verankerung „überstentet" werden, ist gelegentlich eine operative Revaskularisation des linken Arms z.B. mittels Karotis-Subklavia-Bypass notwendig. Eine „Überstentung" aller Kopfgefäße mit entsprechender prothetischer Versorgung der Gefäße ist ebenfalls möglich.

5.2.3 Operationsverfahren

Ziel der Operation ist es, eine Aortenruptur und eine Perikardtamponade zu verhindern, eine Aortenklappeninsuffizienz zu beseitigen und das falsche Lumen zu dekomprimieren. Die Operationstechnik orientiert sich am Intimaeinriss bzw. dem Befund an der Aorta. Da die Aortenwand bei einer Dissektion extrem brüchig ist, wird stets versucht, den Aortenersatz auf ein Minimum zu reduzieren und nur dissezierte, aber nicht zerstörte Wandanteile mit einem (Gelatin-Resorcin-Formalin)-Kleber (French glue) [84] zu kleben. Hierdurch wird nicht nur ein Teil der nativen Aortenwand erhalten, sondern diese auch wesentlicher fester, d.h. sie ist besser zu nähen. Nichtsdestotrotz werden bei den Nähten zumeist Perikard- oder Filzstreifen als Widerlager verwendet.

Der suprakoronare Aortenersatz mit Rekonstruktion der Klappe ist die einfachste Operationstechnik und in bis zu 90% der Fälle möglich. Bei ausgedehnten basalen Lazerationen, pathologisch veränderten Klappensinus oder einer starken anuloaortalen Ektasie kann eine weiter reichende rekonstruktive Maßnahme erfolgen (s. Abschnitt 5.1.3). In seltenen Fällen werden ein Klappen- bzw. ein Aortenwurzelersatz notwendig.

Aorta-ascendens-/Aortenbogenersatz. Die Aortenkanüle kann über die rechte A. subclavia oder eine Femoralarterie eingebracht werden. Eine Kanülierung des Truncus brachiocephalicus ist nicht ratsam, da der Abgang des Gefäßes häufig ebenfalls disseziert ist. Nach entsprechender Ultraschallkontrolle kann u. U. auch der Aortenbogen am konkaven Aspekt kanüliert werden. Nach Institution der extrakorporalen Zirkulation wird die Aorta vor dem Truncus abgeklemmt und das Herz kardioplegisch stillgestellt. Gleichzeitig wird der Patient auf $<20°C$ abgekühlt (bei zerebraler Perfusion nicht prinzipiell notwendig!). Nach Eröffnung der Aorta ascendens wird der Anteil reseziert, in dem das Endothel zerstört ist, und die separierten Wandschichten werden mit dem (Gelatin-Resorcin-Formalin)-Kleber aneinander geklebt. Die Aortenklappe und die Klappensinus werden inspiziert und ggf. rekonstruiert. Ist die Aortenklappe nicht zu erhalten, erfolgt ein Composite-Ersatz, d.h. es wird eine Rohrprothese mit integrierter Klappe implantiert (s. Abschnitt 5.2.5). Andernfalls wird eine größenangepasste Dacronprothese End-zu-End mit dem proximalen Aortenende anastomosiert.

Da der Zustand der Intima präoperativ nicht vollständig beurteilt werden kann, ist eine Inspektion des Aortenbogenlumens unabdingbar. Hierzu können ein Kreislaufstillstand oder eine distale „low flow"-Perfusion mit oder ohne zerebrale Perfusion verwendet werden. Nach Lösen der Aortenklemme wird die Aorta längs eröffnet und das Ausmaß der Intimazerstörung analysiert. Ist nur der proximale Abschnitt befallen, kann der Aortenbogen distal geklebt und die Aortenprothese schräg in den Bogen anastomosiert werden. Ist der gesamte Aortenbogen befallen, muss er ersetzt werden. Die Prothese wird dann distal des linken Subklaviaabgangs eingenäht, wobei etwa 5–8 cm Prothese als so genannter „elephant trunk" [17] in die Aorta descendens gelegt werden, um diese ggf. später einfacher ersetzen zu können (Abb. 14). Die Kopfgefäße können, wenn sie nicht disseziert sind, über einen gemeinsamen Flicken in die Bogenprothese anastomosiert werden. Hat sich die Dissektion auch in die supraaortalen Äste fortgesetzt und ist die Intima in diesem

Bereich eingerissen, ist es besser, die supraaortalen Äste einzeln über 8–12 mm große End-zu-End anastomosierte Dacronprothesen (auch als Y-Prothese) in die Bogenprothese zu reinserieren. Wurde arteriell femoral kanüliert, muss nach Fertigstellung des Aortenbogenersatzes nach aortal, d.h. in die Prothese, umkanüliert und eine antegrade Perfusion initiiert werden, da hierbei die Gefahr einer Malperfusion wesentlich geringer ist. Eine Kanülierung der A. subclavia kann belassen werden.

Liegt eine chronische Dissektion vor, sind die Wandschichten schon teilweise verklebt und damit stabiler. Die operative Technik entspricht der aortaler Aneurysmen (s. Abschnitt 5.1.3).

Aortenersatz mit Aortenklappeneingriff. Reicht die Dissektion bis an den Anulus der Aortenklappe, wobei insbesondere die akoronare und die rechtskoronare Kommissur abgelöst werden, muss bei der intraoperativen Inspektion zunächst entschieden werden, ob die Klappe erhalten werden kann oder ein Klappenersatz sinnvoller ist. Die einfachste Rekonstruktionsmaßnahme ist demnach das Kleben der bis an den Aortenanulus reichenden Dissektion mit (Gelatin-Resorcin-Formalin)-Kleber, ggf. mit einer stabilisierenden Naht im Bereich der Kommissuren. Sind auch die Klappensinus als pathologisch verändert anzusehen, kann die Aortenwurzel nach den Techniken von David u. Feindel [44] und Sarsam u. Yacoub [133] rekonstruiert werden (s. Abschnitt 5.1.3).

Bei einem gemeinsamen Ersatz von Aortenklappe und Aorta ascendens erfolgt ein Composite-Ersatz in herkömmlicher Technik, wobei dissezierte Koronarostien vor ihrer Reimplantation durch Naht oder Klebung rekonstruiert werden müssen.

5.2.4 Intraoperative Probleme/Komplikationen

Nicht selten findet sich ein Hämatoperikard als Folge einer beginnenden Perforation. In dieser Situation ist eine Kanülierung der A. subclavia besonders vorteilhaft, da bei einer Aortenruptur unmittelbar mit Eröffnen des Perikards die extrakorporale Zirkulation initiiert werden kann.

Legt sich die Dissektionsmembran vor einen wichtigen Gefäßabgang, kann dieser verlegt und davon abhängige Organperfusionen kritisch vermindert werden. Besonders nachteilig ist, dass eine intraabdominelle Malperfusion oder eine ischämische Schädigung des Rückenmarks u.U. erst postoperativ anhand der Komplikationen oder Enzymveränderungen erkannt werden.

Reicht die Dissektion bis an den Aortenanulus, kann der Erhalt der ansonsten intakten Aortenklappe u.U. schwierig sein, weil das adäquate Verkleben der Wandschichten kaum möglich ist. Sind die Koronararterien involviert, müssen die Ostien rekonstruiert und ein Weiterreichen der Dissektion in die Koronargefäße ausgeschlossen werden. Gelegentlich findet sich ein Abriss einer Koronararterie (zumeist ist die rechte Herzkranzarterie betroffen), der am besten durch ein Veneninterponat behoben werden kann.

Das Verkleben einer Dissektion im Aortenbogenbereich bei ausschließlichem Aorta-ascendens-Ersatz muss sehr sorgfältig erfolgen (z.B. unter Zuhilfenahme eines Ballonkatheters im Isthmusbereich, der ein Abfließen des Klebers und periphere Embolien bei einem distalen Reentry verhindert). Wenn das falsche Lumen nicht gut obliteriert wird, kann postoperativ erneut eine retrograde Perfusion desselben erfolgen.

Bei Anlage eines „elephant trunk“ ist darauf zu achten, dass dieser frei perfundiert wird und nicht abknickt.

Hauptprobleme sind jedoch die durch das fragile Gewebe bedingte Blutung und die durch die Hypothermie und lange EKZ-Zeit gestörte Gerinnung.

5.2.5 Ergebnisse

Die 1-Jahres-Überlebensraten für eine Typ-A-Dissektion liegen ohne Operation bei 5%, mit dagegen bei etwa 60–80%, abhängig von der Patientenselektion. Im Gegensatz dazu ist die 1-Jahres-Überlebensrate bei einer unkomplizierten Typ-B-Dissektion bei medikamentöser und bei chirurgischer Therapie weitgehend identisch, sie liegt bei etwa 60–80%. Bei einer Typ-B-Dissektion mit Malperfusionskomplikationen steigt die Letalität mit dem Ausmaß der involvierten Organsysteme an, es wurden hierbei Letalitätsraten bis >40% berichtet.

Beim suprakoronaren Aortenersatz müssen innerhalb von 10 Jahren nur 10–20% der Patienten an der Aortenklappe reoperiert werden. In 20–45% der Fälle wurden jedoch mittel- bis schwergradige Aortenklappeninsuffizienzen berichtet. Es wird vermutet, dass im weiteren Verlauf der Aortenerkrankung eine Entwicklung eines Sinus-valsalva-Aneurysmas nicht selten ist (bis zu 29% beschrieben), ebenso wie eine progressive Aortenwurzeldilatation, die für die Aortenklappeninsuffizienz verantwortlich sein kann. Ursache dafür könnte eine zystische Medianekrose ein. Auch das Kleben der Aortenwand im Bereich der Sinus trägt das Risiko einer Redissektion nach ausschließlichem suprakoronaren Ersatz. Die Operationsverfahren nach David u. Feindel [44] und Sarsam u. Yacoub [133] verhindern die Entwicklung eines Sinus-valsalva-Aneurysmas und einer Redissektion der Aortenbasis, sind aber technisch wesentlich anspruchsvoller und deutlich zeitaufwändiger.

5.3 Marfan-Syndrom

Das Marfan-Syndrom wurde erstmals durch Marfan 1896 beschrieben wurde. Es handelt sich um eine Bindegewebserkrankung mit autosomal-dominanter Vererbung, die das Skelett, die Augen und das Kardiovaskularsystem betrifft. Eine Spontanmutation findet sich in 15–25% der Fälle. Die klinische und genetische Variabilität ist jedoch so groß, dass die einzelnen Befunde keine individuelle Risikoanalyse erlauben.

Histologisch findet sich eine Degeneration der Media in der Aortenwand mit einem Verlust der elastischen Fasern und vermehrten Mukoid- und Kollageneinlagerungen. Diese Veränderungen führen zu fusiformen Aneurysmen der Sinus valsalvae und der Aorta ascendens sowie zu einer anuloaortalen Ektasie mit resultierender Aortenklappeninsuffizienz bei etwa 90% der Patienten. Dissektionen finden sich bei 1/3–2/3 aller Patienten und überwiegend in aneurysmatischem Gewebe, sie können aber auch ohne Aneursymen und bei nur geringer Medianekrose entstehen. Ein Mitralklappenprolaps bei myxödematöser Degenration ist bei 80% der Patienten sichtbar und führt in 1/4 der Fälle zu einer schweren Mitralinsuffizienz. Immunhistochemisch findet sich abnormales Lipoprotein, das Fibrillin, dessen Gen auf dem Chromosom 15 bekannt ist und für eine Familiendiagnosik genutzt werden kann.

Eine Dissektion der Aorta ascendens ist eine absolute Operationsindikation. Umstritten ist der optimale Zeitpunkt bei progredienter Zunahme des Aortendurchmessers. Aufgrund fehlender Warnzeichen bleibt nur die fortlaufende echokardiographische Größenbestimmung. Eine allgemeine Regel besagt, dass unabhängig von der Lokalisation und Ätiologie ab einem Aortendurchmesser von 6 cm ein mehr als 10%iges Rupturrisiko innerhalb eines Jahres besteht (s. Abschnitt 5.1.2). Seitens des Marfan-Syndroms wird die Indikation daher zunehmend früher gestellt, in einigen Institutionen schon ab 4,5–5 cm. Deshalb werden die Patienten regelmäßig mittels Echokardiographie, CT oder MRT untersucht. Weitere Gründe für eine frühe Operation sind eine positive Familienanamnese sowie eine Aortenklappeninsuffizienz mit Kompromittierung der linksventrikulären Pumpfunktion.

Eine Dissektion der Aorta descendens wird meist, wie bei anderen Ätiologien auch, nur bei Organmalperfusion, drohender Ruptur oder progredienter Ausdehnung operativ angegangen, wenngleich eine Indikation zum operativen Vorgehen hier liberaler gestellt werden kann.

Da die gesamte Aortenwand erkrankt ist und auch die Aortenwurzel mit den Sinus erweitert ist, wird möglichst die gesamte Aorta ascendens ersetzt. Die Aortenklappe kann entsprechend der oben genannten Techniken erhalten werden. Liegen die Koronarostien so nah am Aortenanulus, dass ein Aortenwurzelersatz schwierig ist, erscheint die Diagnose Marfan sehr unwahrscheinlich, da beim Marfan-Syndrom die Koronarostien durch die aufgeweiteten Sinus stets vergrößert und nach oben verschoben sind.

Ohne Therapie liegt die mittlere Lebenserwartung bei 32–34 Jahren, wobei die Patienten zu 90% an kardiovaskulären Komplikationen sterben. In 80% der Fälle ist die Aortenwurzel betroffen. Knapp 50% der Betroffenen sterben aufgrund einer Aortendissektion oder -ruptur, 1/4 infolge einer Aortenklappeninsuffizienz.

Nach Composite-Ersatz liegt die 5-Jahres-Überlebensrate bei 85–90%, nach 10 Jahren leben noch 75% der Patienten. Im Follow-up entwickeln bis zu 25% der Patienten distale aortale Dilatationen und Dissektionen, die einer Reoperation bedürfen. Insgesamt liegt das Reoperationsrisiko bei Marfan-Patienten 6-mal höher als bei allen anderen Patienten, unabhängig von der Operationstechnik. Ein separater Ersatz von Aorta und Aortenklappe führt zu Aneurysmen im verbliebenen Aortensegment, weswegen diese Operationstechnik beim Marfan-Syndrom nicht angewendet werden sollte.

5.4 Sinus-valsalva-Aneurysma

Angeborene Sinus-valsalva-Aneurysmen entstehen aufgrund eines fehlenden elastischen und muskulären Gewebes in den Sinus infolge des systemischen Blutdrucks (Diskontinuität zwischen Media der Aorta und Aortenklappe). Sie finden sich überwiegend am rechtskoronaren Sinus (70%), seltener akoronar (20%) oder linkskoronar (10%). In der Hälfte der Fälle findet sich begleitend ein VSD, bei 1/4 der Patienten eine Aortenklappeninsuffizienz aufgrund einer Anulusdilatation. Die kongenitalen Aneurysmen rupturieren typischerweise im 3. und 4. Lebensjahrzehnt nach intrakardial, die rechtskoronaren bevorzugt in den rechten Ventrikel, die akoronaren in den rechten Vorhof. Diese Rupturen werden von den Patienten in der Regel gut toleriert. Erworbene Sinus-valsalva-Aneurysmen können Folge einer Endokarditis, einer zystischen Medianekrose oder eines Traumas sein. Häufig sind alle Sinus befallen, wodurch eine zwiebelförmige Auftreibung der gesamten Aortenwurzel imponiert. Im Gegensatz zu den kongenitalen Aneurysmen rupturieren die erworbenen Aneurysmen nach außen ins Perikard und führen zur bedrohlichen Tamponade.

Aufgrund der ungünstigen Prognose des natürlichen Verlaufs ist bei jedem Sinus-valsalva-Aneurysma prinzipiell eine Operationsindikation gegeben. Bei einer Ruptur ist eine Operation vordringlich, um eine Endokarditis und progredientes Herzversagen zu verhindern. Hierbei sind mehrere Operationstechniken möglich. Bei günstiger Anatomie kann das Aneurysma mit einer direkten Naht verschlossen werden. Bei ausgedehnteren Aneurysmen wird die Wand des betroffenen Sinus reseziert und durch einen Dacronflicken ersetzt. Sind alle Sinus involviert, erfolgt ein Ersatz der Aorta ascendens mit einer Reimplantation der Koronararterien, bei destruierter Aortenklappe auch eine Implantation eines klappentragenden Conduits. Eine Fistel kann über die Aorta oder über die betroffene Herzkammer aufgesucht und verschlossen werden. Kleinere Fisteln können mit einer Matratzennaht verschlossen werden, bei größeren Defekten muss aortal ein Flicken eingenäht werden. Über eine Ventrikulotomie kann nicht nur eine rechtsventrikuläre Fistel identifiziert, sondern auch ein nebenbefundlicher VSD verschlossen werden. Rechtsatriale Fisteln können über eine rechtsseitige Atriotomie angegangen werden.

Das Operationsrisiko bei Aneurysmaruptur liegt bei etwa 5–10%, die Langzeitergebnisse sind exzellent (90% in 10 Jahren, 85% in 25 Jahren). Typische Komplikationen sind eine progrediente Aortenklappeninsuffizienz, eine Rezidivfistel und Erregungsleitungsstörungen. Ein erneuter Eingriff an der Aortenklappe ist in etwa 17% der Fälle innerhalb von 10 Jahren notwendig, unabhängig davon, ob initial eine Aortenklappeninsuffizienz vorlag.

5.5 Traumatische Aortenruptur

Die Hauptursache traumatischer Aortenrupturen ist ein Dezelerationstrauma, nicht selten ein Verkehrsunfall („dashbord injury"). In etwa 90% ist die Aorta descendens betroffen, sie reißt typischerweise im Bereich des Lig. Botalli unmittelbar distal des linken A.-subclavia-Abgangs. Die Diagnose erfolgt über eine Angiographie oder ein CT. Nach einer linksseitigen posterolateralen Thorakotomie können die Aorta proximal des A.-subclavia-Abgangs und die A. subclavia getrennt abgeklemmt und eine Dacronprothese interponiert werden. Der N. recurrens sollte dabei geschont werden. Abklemmzeiten bis zu 30 min weisen ein geringes Paraplegierisiko auf und erlauben die Clamp-and-run-Technik. Erwartet man längere Abklemmzeiten, ist die Verwendung eines Linksherzbypasses ratsam. Bei ausgedehntem Aorteneinriss mit großer Hämatombildung wird eine Herz-Lungen-Maschine femorofemoral angeschlossen und die Aorta im Kreislaufstillstand angegangen.

Rupturen der Aorta ascendens (etwa 10%) werden über eine mediane Sternotomie versorgt, der Anschluss der extrakorporalen Zirkulation erfolgt über den rechten Vorhof und eine Femoralarterie bzw. den Aortenbogen. Ist eine Abklemmung der Aorta ascendens zur Gabe von Kardioplegielösung nicht möglich, wird der Patient abgekühlt, und ein Kreislaufstillstand wird initiiert.

Kapitel 6 Herzinsuffizienzchirurgie

Bis Anfang der 90er Jahre war die Herztransplantation die einzige chirurgische Therapieform für Patienten mit einer fortgeschrittenen Herzinsuffizienz. Der zunehmende Mangel an geeigneten Spenderorganen hat dazu geführt, dass man sich nun vermehrt den so genannten alternativen chirurgischen Therapieverfahren zuwendet. Von den zahlreichen Therapiekonzepten haben sich in erster Linie die nachfolgend genannten etabliert. Kaum Verbreitung bzw. Akzeptanz haben die Kardiomyoplastie, die transmyokardiale Laserrevaskularisation (TMLR), restriktive ventrikuläre Dacronnetze (Acorn®) und geometrieverändernde Myosplints (Myocor®) gefunden, sie werden daher nicht dargestellt.

6.1 Konservative Hochrisikochirurgie

Unter Hochrisikochirurgie ist die Durchführung einer konventionellen Operation als Hochrisikoeingriff zu verstehen. Insbesondere durch die Einführung verbesserter Kardioplegietechniken (Blutkardioplegie) und der intraoperativen transösophagealen Echokardiographie können selbst Patienten mit einer schlechten linksventrikulären Pumpfunktion (Ejektionsfraktion <20%) konservativ operiert werden. Unterstützend wird, häufig schon präoperativ, eine intraaortale Ballonpumpe eingesetzt. Mechanische Kreislaufunterstützungssysteme können als Back-up fungieren, werden aber nur sehr selten gebraucht. Das Risiko bei Koronar- und Klappeneingriffen liegt in der Regel bei etwa 5–10%.

Langzeitergebnisse nach Koronarrevaskularisation zeigen, dass die linksventrikuläre Ejektion postoperativ um etwa 50% zunimmt. Die 1-Jahres-Überlebensdauer liegt bei 85–95%, nach 5 Jahren leben noch etwa 70–75% der Patienten. Während sich die pektanginösen Symptome relativ gut behandeln lassen (80% frei von Angina nach 5 Jahren), bessert sich die Insuffizienzkomponente wesentlich schlechter (50% ohne Herzinsuffizienz nach 5 Jahren).

6.2 Biventrikuläre Schrittmacherimplantation

Die biventrikuläre Schrittmacherimplantation hat sich aus der DDD-Stimulation entwickelt und wurde 1994 in die Klinik eingeführt [29]. Sie trägt der Tatsache Rechnung, dass mehr als 90% aller herzinsuffizienten Patienten mit ventrikulärer Leitungsstörung einen Linksschenkelblock aufweisen und die daraus resultierende interventrikuläre Asynchronizität zu einer asynchronen Septumbewegung, einer Verkürzung der diastolischen Füllung und insgesamt zu einer Abnahme der Kontraktilität führt. Ziel der kardialen Resynchronisation ist es, die gestörte Ventrikelkoordination durch eine simultane rechts- und linksventrikuläre Stimulation und eine Optimierung der AV-Überleitung mittels AV-sequenzieller biventrikulärer Schrittmachertherapie zu verbessern. Hieraus resultieren ein Anstieg des arteriellen Blutdrucks bei Verringerung des pulmonalkapillaren Verschlussdrucks und eine Abnahme einer vorbestehenden Mitralinsuffizienz. Gegenstand der aktuellen Forschung ist die intraventrikuläre Asynchronizität, bei der es zu einer verzögerten Aktivierung der Lateralwand kommt, v.a. bei Patienten mit einer ischämischen Kardiomyopathie.

Eine Operationsindikation ist bei Patienten im NYHA-Stadium III(–IV) gegeben, die keiner wirkungsvolleren Therapiemaßnahme mehr zugänglich sind, z.B. einem konservativen Hochrisikoeingriff. Das EKG sollte ein PR-Intervall >150 ms oder eine Verbreiterung des QRS-Komplexes auf mindestens 120 ms aufweisen. Häufig wird die Indikation aber erst bei einer QRS-Breite von 150 ms gestellt.

Zur Stimulation beider Herzkammern werden zunächst eine rechtsatriale und eine rechtsventrikuläre Sonde transvenös platziert. Nachfolgend wird eine linksventrikuläre Elektrode eingebracht, für die eine laterale oder posterolaterale Position optimal ist (bei einem Rechtsschenkelblock wird eine anteriore interventrikuläre Lage angestrebt). Während anfänglich eine linksanteriore Thorakotomie und später ein thorakoskopisches Verfahren für eine epikardiale Platzierung der Elektrode favorisiert wurden, bevorzugt man heutzutage eine transvenöse Koronarsinussonde. Alle 3 Elektroden werden an ein spezielles Herzschrittmacheraggregat konnektiert, das herkömmlich implantiert wird.

Etwa 65% der Patienten profitieren von der biventrikulären Ventrikelstimulation, d.h. 1/3 der Patienten sind Non-Responder, auch bei sehr breiten QRS-Komplexen. Die Verbesserung der Herzleistung korreliert nicht mit der QRS-Breite, sondern hängt von der linksventrikulären Pumpfunktion ab. Je kränker der Patient ist, desto größer ist der Benefit. Problematisch ist außerdem, dass asynchrone Kontraktionsmuster auch bei Herzinsuffizienzpatienten mit normaler Erregungsleitung auftreten können. Inwieweit Patienten mit chronischem Vorhofflimmern profitieren, ist noch nicht schlüssig geklärt.

6.3 Linksventrikuläre Resektionsverfahren

Die linksventrikulären Resektionsverfahren beinhalten die Resektion ventrikulärer Aneurysmen und die so genannte Batista-Operation [9]. Die Aneurysmenresektion wird bei lokalen myokardialen Narbenbildungen angewandt, zumeist beim Vorderwandaneurysma (s. Abschnitt 2.6.3).

Das als Batista-Operation [9] bekannt gewordene Verfahren ist für Patienten mit einer dilatativen Kardiomyopathie entwickelt worden und stützt sich auf das LaPlace-Gesetz. Durch Resektion von Teilen der linksventrikulären Wand zwischen RIVA und RIP wird der Radius der linken Herzkammer verkleinert, wodurch die Wandspannung sinkt und somit vom Herzen weniger Kraft aufgebracht werden muss. In gleicher Sitzung werden die in der Regel erheblich insuffiziente Mitralklappe und ggf. auch die Trikuspidalklappe versorgt.

Bei einer dilatativen Kardiomyopathie ist der linke Ventrikel bzw. sind beide Herzkammern global erweitert und relativ ausgedünnt, die Muskulatur ist diffus und unspezifisch verändert. Neben hypertrophierten Myozyten zeigt das Interstitium Fibrosierungen unterschiedlichen Ausmaßes. Begleitend findet sich eine funktionelle Mitralinsuffizienz, die mehrere Ursachen hat. Die Papillarmuskeln werden nach posterolateral und apikal verlagert, wodurch der Abstand von den Papillarmuskeln zum Mitralanulus ansteigt und die mehr zeltförmigen Klappensegel nicht mehr richtig schließen können (Verringerte Koaptationsfläche, vergrößerte Koaptationstiefe). Potenziert wird dieser Effekt durch die Anulusdilatation.

Prinzipiell wird die Indikation wie bei der Herztransplantation bei einem Herzindex von $<2{,}0$ l/min/m^2 mit beginnender Multiorgandysfunktion und einer VO_2max <12 ml/min/kg gestellt. Idealerweise eignen sich Patienten mit einer dilatativen Kardiomyopathie und einer sekundären Mitralklappeninsuffizienz, die sich im NYHA-Stadium III–IV befinden. Im Endstadium einer koronaren Herzerkrankung ist eine ventrikuläre Resektion dann besonders sinnvoll, wenn Narbengewebe entfernt wird und gesundes Myokard erhalten bleibt. Je größer der linksventrikuläre Durchmesser ist, umso mehr kann reseziert werden. Als Mindestdurchmesser (LVEDD) werden etwa 7–8 cm angesehen. Die Bedeutung des Mitralklappeneingriffs wird durch Untersuchungen unterstrichen, bei denen nur eine extreme Verkleinerung des Mitralanulus durch einen Mitralklappenersatz oder eine -rekonstruktion (auf etwa 26–28 mm), nicht aber eine linksventrikuläre Resektion erfolgte. Dieses auch „innere Batista-Operation“ genannte Verfahren ergab überraschend gute Ergebnisse [14].

Die Batista-Operation wird mit Hilfe der Herz-Lungen-Maschine durchgeführt. Nach herkömmlicher Kanülierung und Institution der extrakorporalen Zirkulation wird die linke Herzkammer am schlagenden Herzen paraseptal unter Durchtrennung der Diagonaläste eröffnet. Basalwärts reicht die Schnittführung bis fast an den Mitralklappenanulus, apikal wird beinahe die Herzspitze erreicht. Lateral orientiert sich die Exzisionslinie zumeist am anterolateralen Papillarmuskel, der wenn möglich geschont wird. Wird der Bereich des Papillarmuskels reseziert, muss er an geeigneter Stelle reinseriert werden.

Die Mitralklappe wird zumeist über die Ventrikulotomie angegangen. Im einfachsten Fall erfolgt nur eine Alfieri-Naht (s. Abschnitt 3.2.3). Alternativ können eine komplexere Mitralrekonstruktion oder auch ein Mitralklappenersatz von atrial oder transventrikulär erfolgen. Der Verschluss der Ventrikulotomie erfolgt mit großen durchgreifenden Nähten, am besten mit Filzstreifen als Widerlager und zweireihig. Abschließend wird die Trikuspidalklappe, sofern notwendig, mit einer DeVega-Plastik versorgt.

Die schlimmste Komplikation ist das intra- bzw. postoperative linksventrikuläre Pumpversagen trotz Katecholaminstimulation und maximaler Nachlastsenkung. Ursachen dafür sind eine zu umfangreiche Resektion bzw. eine ungenügende Pumpfunktion des Restmyokards. In einigen Institutionen erhalten solche Patienten unmittelbar ein Linksherzunterstützungssystem und nachfolgend eine Herztransplantation, falls ein Entwöhnen vom Unterstützungssystem nicht möglich ist. Dies setzt natürlich eine entsprechende Patientenselektion voraus. Blutungskomplikationen sind unter den optimierten Operationstechniken eher selten.

Die Ergebnisse nach linksventrikulärer Ventrikelreduktion werden in erster Linie durch die Patientenselektion und durch die Aggressivität der Resektion bestimmt. Große Serien weisen ein perioperatives Risiko zwischen 5 und 20% auf. Werden die Patienten mit intra-/postoperativem linksseitigem Pumpversagen unmittelbar mit einem linksventrikulären Unterstützungssystem versorgt, liegt die Letalität bei nur 3–6%. Nachuntersuchungen zeigten, dass die meisten Patienten zunächst von solch einem Eingriff profitieren, die Wandspannung sinkt um etwa 40% ab. Bei einer Reduktion des linksventrikulären Volumens und der linksventrikulären Durchmesser um 25–50%

steigt die Ejektionsfraktion bei den meisten Patienten um etwa 50–75% an. Innerhalb eines Jahres verschlechtern sich aber etwa 25% der Patienten wieder, während 50–65% noch von dem Eingriff profitieren. Valide Langzeitergebnisse liegen nicht vor, da die Resektionsverfahren durch die rasante Entwicklung der mechanischen Kreislaufunterstützung nicht mehr weiterverfolgt wurden. Es bleibt daher unklar, ob sie eine echte Alternative zur Transplantation sind oder nur als eine Überbrückungsmaßnahme betrachtet werden müssen.

Kapitel 7 Mechanische Kreislaufunterstützung

Die mechanische Kreislaufunterstützung ist etwa so alt wie die Herztransplantation. Ein Linksherzunterstützungssystem (LVAD) wurde erstmals 1966 durch DeBakey bei einer Patientin mit Postkardiotomieversagen eingesetzt und konnte nach 10 Tagen wieder erfolgreich explantiert werden [48]. Kontrollierte klinische Studien mit LVAD folgten in Deutschland aber erst Mitte der 90er Jahre. Mittlerweile sind sie etabliert und werden in zahlreichen Zentren routinemäßig implantiert. Ein vollständiges Kunstherz wurde erstmals 1969 von Cooley et al. [32] eingesetzt, ebenfalls nach einem Postkardiotomieversagen. Es funktionierte bis zur nachfolgenden Herztransplantation, 64 h später, zufrieden stellend. Eine erste Serie mit vollständigen Kunstherzen erfolgte 1982 durch DeVries [56], musste aber nach kurzer Zeit aufgrund zahlreicher Komplikationen wieder eingestellt werden. Bis heute spielen vollständige Kunstherzen keine wesentliche Rolle in der mechanischen Kreislaufunterstützung.

7.1 Anatomie/Pathologie

Eine mechanische Kreislaufunterstützung kann in vielen Situationen und bei unterschiedlichen akuten und chronischen Krankheitsbildern notwendig werden. Zu diesen zählen die verschiedenen Kardiomyopathien, ein akuter Myokardinfarkt – auch im Rahmen einer PTCA –, eine akute Myokarditis, maligne Rhythmusstörungen sowie ein Postkardiotomieversagen.

Bedeutsam hinsichtlich der Kreislaufunterstützung sind potenziell reversible Veränderungen, da diese evtl. ein Erholen der Myokardfunktion („reverse remodelling“) und damit ein Entwöhnen vom Unterstützungssystem erlauben (s. unten). Bei der chronischen Herzinsuffizienz findet sich eine Herunterregulierung der myokardialen β_1-Rezeptoren, welche bei der dilatativen Form aufgeprägter als bei der ischämischen Form ist. Im Gegensatz dazu zeigt sich ein Anstieg der β_2-Rezeptoren, aber nur bei der ischämischen Kardiomyopathie. Hinsichtlich der Fibrose muss zwischen irreversiblen narbigen („replacement fibrosis“) und reversiblen interstitiellen Veränderungen unterschieden werden. Bei den akuten Formen der Herzinsuffizienz liegt häufig ein Erholungspotenzial vor, allerdings lässt sich der notwendige Zeitraum v.a. bei entzündlichen Myokardveränderungen nur schwer abschätzen.

7.2 Operationsindikation

Die Implantation eines Kreislaufunterstützungssystems kann notfallmäßig oder dringlich, aber auch elektiv bei rezidivierenden oder drohenden Low-output-Situationen erfolgen. Die generelle Indikation zur mechanischen Kreislaufunterstützung besteht bei einem Herzindex < 2,0 l/min/m^2 und einer VO_2max < 12 ml/min/kg. Weitere hämodynamische Parameter bei einem linksventrikulären oder biventrikulären myokardialen Pumpversagen sind ein arterieller Mitteldruck < 60 mmHg, ein pulmonaler Verschlussdruck > 20 mmHg, ein ZVD > 20 mmHg sowie eine Oligurie < 20 ml/h. Beim isolierten Rechtsherzversagen ist eine Kreislaufunterstützung ab einem ZVD von etwa 20 mmHg bei gleichzeitig niedrigem linksatrialem Druck (< 10 mmHg) indiziert.

Kontrovers diskutiert wird die Frage, wann ein biventrikuläres System implantiert werden muss und wann eine linksventrikuläre Unterstützung ausreichend ist. Vermutlich genügt in weit mehr als 90% der Fälle eine ausschließlich linksventrikuläre Unterstützung, da die rechtsventrikuläre Dysfunktion zumeist Folge einer erhöhten Nachlast, d.h. pulmonalen Stauung, ist und selbst ein vollständiger Ausfall der rechtsventrikulären Pumpfunktion im Sinne einer Fontan-Zirkulation, z. B. bei nicht behandelbarem Kammerflimmern nach LVAD-Implantation, von manchen Patienten toleriert werden kann. Auch wenn bisweilen eine zusätzliche rechtsventrikuläre Unterstützung empfohlen wird, sobald der rechtsatriale Druck den pulmonalkapillaren Verschlussdruck überschreitet, existieren keine gesicherten prädiktiven Parameter, die die richtige Auswahl des Unterstützungssystems erleichtern.

Neben den Indikationskriterien sind die Kontraindikationen von besonderer Bedeutung. Sie hängen wiederum vom Behandlungsziel („intention-to-treat“) ab. Bei einer Überbrückung bis zu einer Transplantation („bridge-to-transplanation“) müssen zusätzlich die Transplantationskriterien erfüllt sein, wobei eine moderate bis schwere pulmonale Hypertonie keine absolute Kontraindikation ist, da unter LVAD-Therapie der pulmonalarterielle Druck in der Regel abnimmt. Allerdings ist eine LVAD-Implantation bei Patienten mit einem primär zu hohen pulmonalvaskulären Widerstand als Therapiemaßnahme vor der Herztransplantation bislang nicht etabliert. Bei angestrebter Entwöhnung vom Unterstützungssystem („bridge-to-recovery“) oder permanenter Unterstützung („destination therapy“) müssen die Patienten keine Transplantationskandidaten sein. Bei kurzfristiger Unterstützung bis zur Implantation eines Langzeitsystems („bridge-to-bridge“) gilt das zuvor genannte entsprechend. Absolute Kontraindikationen für eine mechanische Kreislaufunterstützung bestehen bei Krankheiten, die ein erhöhtes Blutungsrisiko (z. B. Ulkus, Gerinnungsstörungen) oder ein erhöhtes zerebrales, peripheres oder intestinales Ischämierisiko (z. B. Karotisstenose, schwere AVK) bedingen, sowie bei florider Infektion, abgesehen von einer Myokarditis und einer Endokarditis. Problematisch sind auch eine signifikante Mitralklappenstenose und eine Aortenklappeninsuffizienz, welche zu einer Beeinträchtigung der Pumpenfüllung („low output“) bzw. zu einem Überfluten der Pumpe („high output“) führen können. Eine Mitralklappeninsuffizienz und eine Aortenklappenstenose sind dagegen irrelevant. Mechanische Prothesen in Aortenposition müssen vor LVAD-Implantation gegen eine Bioprothese ausgetauscht werden, da die Aortenklappe nach LVAD-Implantation häufig anhaltend geschlossen ist und mechanischen Prothesen dann eine Klappenthrombose droht.

Das Alter per se ist keine Kontraindikation, jedoch steigt das Risiko ab dem 50. Lebensjahr deutlich an. Weitere relative Kontraindikationen ergeben sich bei einem Mehrorganversagen, da sich das Risiko beim Ausfall weiterer Organsysteme, beispielsweise bei einem akuten Nierenversagen, bei einer Beatmungspflichtigkeit oder bei einem Leberversagen, deutlich erhöht. Ein Postkardiotomieversagen ist ebenfalls mit einem erhöhten Risiko verbunden und hat oftmals Einfluss auf die Wahl des Unterstützungssystems (s. unten).

7.3 Unterstützungssysteme

IABP. Das einfachste Unterstützungssystem ist die intraaortale Ballonpumpe (IABP), die in Deutschland pro Jahr annähernd 2500-mal implantiert wird. Sie besteht aus einem Katheter, an dessen Ende ein Ballon (2,5–50 cm^3) befestigt ist, der transfemoral (in Seldinger-Technik oder über eine End-zu-Seit anastomosierte Dacronprothese) oder transaortal in die thorakale Aorta descendens (evtl. über eine Dacronprothese) eingelegt wird. Durch Aufblasen des Ballons in der Diastole wird die Koronarperfusion verbessert, die systolische Deflation führt zu einer Nachlastsenkung. Mit Hilfe einer femoral eingebrachten IABP kann der Kreislauf eines Patienten auf einfache und kostengünstige Weise für einige Tage bis zu wenigen Wochen unterstützt werden, sofern keine schwere periphere arterielle Verschlusskrankheit vorliegt.

VAD. Als eigentliche ventrikuläre Unterstützungssysteme (VAD) bezeichnet man Verdrängerpumpen, Kreiselpumpen und Impellerturbinen, die den Kammern des Herzens parallel oder in Serie geschaltet werden. Diese mechanischen Pumpkammern existieren für die linke und die rechte Herzkammer, als extrakorporale und linksseitig auch als (teil-)implantierbare Systeme. Die Pumpen verfügen entweder über einen pneumatischen oder einen elektrischen Antrieb.

Kurzzeitunterstützung. Im einfachsten Fall wird eine extrakorporale Membranoxygenierung (ECMO)/Life-support-System verwendet, die einer mobilen kleinen Herz-Lungen-Maschine entspricht und eine Kreiselpumpe beinhaltet. Sie führt zu einem relativ starken Trauma an den Blutbestandteilen mit konsekutiver Blutungsgefahr und sekundärer Organschädigung und ist daher nur für eine Kurzzeitanwendung, d. h. für wenige Tage, sinnvoll. Sie eignet sich besonderes für Patienten mit Postkardiotomieversagen, da diese etwa bis zu 48 h von einer mechanischen Kreislaufunterstützung profitieren. Hierbei ist es vorteilhaft, heparinbeschichtete Systeme zu verwenden, um das Blutungsrisiko zu senken.

Für eine Unterstützung von mehreren Tagen bis einigen Wochen ist das Abiomed-BVS-5000-System [60] geeignet, das eine uni- und eine biventrikuläre Unterstützung erlaubt. Es besteht aus externen Kunststoffsäulen, in die das Blut passiv drainiert und pneumatisch zum Patienten zurückgepumpt wird. Es bedingt eine weitestgehende Immobilisierung des Patienten und funktioniert vollautomatisch. Hauptindikation ist das Postkardiotomieversagen, eine Langzeitunterstützung ist nicht möglich.

Mittelfristige Unterstützung. Die Systeme von Thoratec [69], Berlin Heart [93] und Medos [127] verfügen über externe, d. h. auf der Bauchwand liegende, pneumatisch betriebene Pumpkammern mit einem Polyurethangehäuse und können sowohl das linke als auch das rechte Herz unterstützen. Nur die zu- und abführenden Kanülen penetrieren die Thoraxwand. Sie sind für eine längerfristige Therapie geeignet und erlauben eine Mobilisierung der Patienten. Aufgrund der mittlerweile verfügbaren kleinen transportierbaren Steuerkonsolen ist eine ambulante Betreuung der Patienten möglich. Eine Langzeitunterstützung ist problematisch, da die extern liegenden Conduits gegen Infektionen wenig geschützt und die Pumpkammern psychisch belastend sind. Beim Medos und Berlin Heart sind verschieden große Pumpkammern erhältlich, sodass Patienten jeden Alters, also auch Säuglinge oder Übergewichtige, mechanisch unterstützt werden können. Als Besonderheit sind beim Medos-System um etwa 10% kleinere Pumpkammern für eine rechtsseitige Unterstützung erwähnenswert.

Langzeitunterstützung. Implantierbare Pumpkammern, Impellerturbinen und kleine Zentrifugalpumpen zur Langzeitunterstützung sind nur für die linke Herzkammer entwickelt bzw. klinisch verfügbar. Die Geräte der ersten Generation arbeiten alle als Verdrängerpumpen und sind sehr groß. Sie sind daher nur für Patienten mit einer Körperoberfläche $>1{,}5\ m^2$ geeignet. Das Novacor [126] besteht aus einem Kunststoffgehäuse, in dem ein Polyurethansack elektromagnetisch gesteuert komprimiert wird. Das HeartMate [73] hat ein Titangehäuse mit einer biokompatiblen rauen Oberfläche, im dem eine Scheibe die Pumpkammer durch stempelartige Drehbewegungen verkleinert. Hierbei ist ein pneumatischer und ein elektrischer Antrieb möglich. Bei beiden Systemen kann die Pumpenfrequenz konstant gehalten oder über das Füllungsvolumen automatisiert gesteuert werden. Die Entwicklung der so genannten Impellerpumpen, bei denen zumeist nur die Drehzahl der Turbine verändert werden kann, führte zu einer drastischen Verkleinerung der Systeme. Klinisch eingesetzt wurden bislang das DeBakey- [49], das Jarvik-2000- [151], das HeartMate-II- [74] und das Incor-System [135]. Bei all diesen Systemen muss nur ein Steuerkabel nach außen geleitet werden, welches mit einer Steuerkonsole verbunden wird. Der große Vorteil der (teil-)implantierbaren Systeme liegt darin, dass kleine transportierbare Steuereinheiten und wiederaufladbare Batterien, die eine freie Bewegung der Patienten für mehrere Stunden bis hin zur ambulanten Betreuung und beruflichen Reintegration ermöglichen, verfügbar sind.

Das einzige vollimplantierbare Linksherzunterstützungssystem, das LionHeart, ist nicht mehr verfügbar. Es war als „destination therapy" gedacht. Neben der Pumpkammer wurden die

Tabelle 12. Mechanische Kreislaufunterstützungssysteme

Name	Typ	Pumpen-lokalisation	Antrieb	Pulsatilität	Kammervolumen	Klappen	Anmerkungen
ECMO	L/R/VAD	Extern	Elektrisch	Nein	∅	∅	Nur für wenige Tage möglich
Abiomed BVS 5000	L/R/VAD	Extern	Pneumatisch	Ja	80 ml	Polyurethan	Vollautomatischer Betrieb
Thoratec	L/R/VAD	Extern	Pneumatisch	Ja	65 ml	BS-KS	Kostengünstig und bewährt
Berlin Heart	L/R/VAD	Extern	Pneumatisch	Ja	L: 80/60/50 R: 30/25/10	BS-KS 21/ Polyurethan	Auch für Kinder
Medos	L/R/VAD	Extern	Pneumatisch	Ja	L: 80/60/25/10 R: 72/54/22,5/9	Polyurethan	Auch für Kinder
Novacor	LVAD	Intern	Elektrisch	Ja	70 ml	Perikard (21 mm)	Ausfallrate sehr niedrig
HeartMate	LVAD	Intern	Elektrisch/ pneumatisch	Ja	90 ml	Schwein (25 mm)	Kein Marcumar notwendig
DeBakey	LVAD	Intern	Elektrisch	Nein	Impeller (7500–12 500/min)	∅	Wiegt 93 g
Jarvik 2000	LVAD	Intern	Elektrisch	Nein	Impeller (8000–12 000/min)	∅	Wiegt 90 g

Tabelle 12 (Fortsetzung)

Name	Typ	Pumpenlokalisation	Antrieb	Pulsatilität	Kammervolumen	Klappen	Anmerkungen
HeartMate II	LVAD	Intern	Elektrisch	Nein	Impeller (8000–15 000/min)	∅	Wiegt 260 g, zusätzlich Fillrate-Steuermodus
Incor	LVAD	Intern	Elektrisch	Nein	Impeller (5000–10 000/min)	∅	Wiegt 200 g, magnetische Lagerung des Rotors (verschleißfrei)

L/R/VAD left/right/ventricular assist device, *BS* Björk-Shiley-Prothese, *KS* Kippscheibenprothese

Steuereinheit, eine Compliance-Kammer, ein Port und eine kleine Batterie implantiert, sodass kein Kabel den Patienten verließ und die Batterie transkutan aufgeladen werden konnte. Nachteilig war die große Menge an Fremdmaterial, die ein hohes Infektionsrisiko darstellte. Eine Übersicht über mechanische Unterstützungssysteme gibt Tabelle 12.

7.4 Operationsverfahren

Mit Ausnahme des Jarvik 2000, das über eine laterale Thorakotomie eingesetzt wird, werden alle Systeme über eine mediane Sternotomie implantiert. Bei den Systemen mit implantierbaren Pumpkammern muss zunächst entschieden werden, ob die Pumpkammer linksseitig in der hinteren Rektusscheide, intraperitoneal oder intraperikardial platziert wird. Für eine Aggregattasche in der hinteren Rektusscheide muss die mediane Sternotomie zunächst nach kaudal verlängert werden. Die Pumpkammern der ersten Generation erfordern in der Regel eine Präparation der Aggregattasche über die laterale Grenze des linken M. rectus abdominis hinweg und zumeist auch nach rechts. Dennoch bestehen oft enge Verhältnisse, und die Patienten beklagen später nicht selten ein Druckgefühl. Wird das Zwerchfell an der Implantationsstelle zur besseren Positionierung der Pumpkammer durchtrennt, sollte keine rechtsseitige Zwerchfellparese vorliegen. Alternativ kann das Zwerchfell auch nur mit 2 Löchern für die Conduits versehen werden. Jedoch begünstigt der avaskuläre und abgeschlossene Raum der Aggregattasche dann Taschenhämatome und -infektionen. Bei einer intraperitonealen Position der Pumpkammer treten weder Hämatome noch Infektionen auf, wobei dem Omentum eine zusätzliche Schutzwirkung zugeschrieben wird. Manche Implanteure wickeln daher das Omentum über das Steuerkabel. Aufgrund der reichlicheren Platzverhältnisse können insbesondere kleine Patienten gut auf diese Weise versorgt werden. Ein entscheidender Nachteil besteht aber in der möglichen Kompression intestinaler Strukturen einschließlich der Gefäße und der möglichen Lazeration von Magen und Darm bei der späteren Explantation. Die Systeme der 2. Generation, d.h. die kleinen Axialpumpen, benötigen keine spezielle Aggregattasche, sie können intraperikardial platziert werden. Nur gelegentlich muss das Perikard inzidiert werden.

Die Implantation der Pumpkammer(n) wird bevorzugt am schlagenden Herzen durchgeführt, da ein kardioplegischer Herzstillstand das kranke Myokard noch weiter schädigt. Gerade bei den am häufigsten eingesetzten Linksherzsystemen ist man aber auf eine ausreichende Funktion der rechten Herzkammer angewiesen. Die Verwendung der extrakorporalen Zirkulation hat sich dabei als sehr hilfreich erwiesen, da die kranken Herzen die chirurgischen Manipulationen manchmal nur schlecht tolerieren. Darüber hinaus kann der linke Ventrikel inspiziert und intrakavitäre Thromben können ausgeräumt werden. Lediglich bei einem akuten Herzinfarkt kann bei extrem fragilen Verhältnissen ein kardioplegischer Herzstillstand vorteilhaft sein. Normalerweise erfolgen zunächst eine Volheparinisierung und ein herkömmlicher Anschluss an die Herz-Lungen-Maschine, wobei lediglich aortal weiter im Aortenbogen kanüliert wird, um später genügend Platz für die Anastomose des Ausflussconduits zu haben. Das schlagende Herz kann dann nach Belieben luxiert, und die Kanülen bzw. Conduits können implantiert werden.

Bei den implantierbaren Systemen wird zunächst die Aggregattasche präpariert. Nachdem diese fertig ist, werden die Einflusskanüle bzw. das Conduit am Herzen fixiert. Linksseitig hat sich gezeigt, dass die Einflusskanüle besser an der Herzspitze als am linken Vorhof eingebracht werden sollte. Bedeutsam ist in beiden Fällen, dass der Einfluss in die Kanüle nicht durch eine schlechte Lage behindert wird. Apikal wird die jeweilige Kanüle über filzarmierte Einzelknopfnähte fixiert, im Vorhofbereich ist eine Tabaksbeutelnaht vorteilhafter. Nachfolgend werden das anastomosierte Einflussconduit und auch das noch nicht fixierte Ausflussconduit an der Pumpkammer angeschlossen und diese in der Aggregattasche versenkt. Bei den extrakorporalen Systemen verfährt man im Prinzip identisch, die

Pumpkammer kann aber auch erst nach Einbringen des Ausflussconduits montiert werden. Die Ausflussconduits der implantierbaren und extrakorporalen Systeme werden End-zu-Seit an die Aorta ascendens unmittelbar vor dem Truncus brachiocephalicus anastomosiert (Abb. 16). Sofern die Conduits nicht absolut dicht sind, ist es vorteilhaft, sie mit einer weiteren Pro-

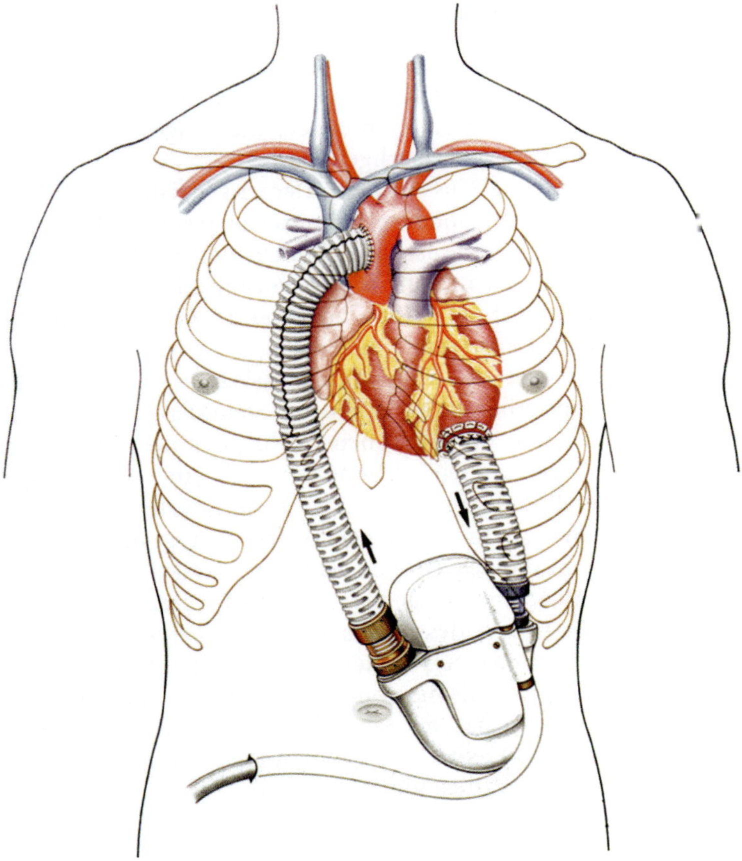

Abb. 16. Novacor-Linksherzunterstützungssystem

these (Gore-Tex® oder Dacron) zu umhüllen. Das in den Raum zwischen beiden Prothesen sickernde Blut kann ggf. über einen Cabrol-Shunt [22] in den rechten Vorhof abgeleitet werden. Mit dem Sistieren der Blutung verödet der Shunt von selbst.

Die Implantation des Jarvik 2000 bietet die Besonderheit, dass die Impellerpumpe über eine laterale Thorakotomie im 5. Interkostalraum direkt in die Herzspitze implantiert wird. Hierdurch wird nicht nur eine Resternotomie bei voroperierten Patienten vermieden, sondern es entfällt auch das Einflussconduit, welches bei den frühen Systemen stets eine Emboliequelle darstellte. Darüber hinaus wird das Ausflussconduit an die Aorta descendens anastomosiert. Die anderen Systeme können zwar ebenfalls über eine laterale Thorakotomie eingesetzt werden, dies wird aber nur selten durchgeführt.

Zur Unterstützung des rechten Herzens existieren bislang keine implantierbaren, sondern nur externe Systeme, deren Implantationstechnik analog ist. Die abführende Kanüle wird über eine Tabaksbeutelnaht in den rechten Vorhof oder in die rechte Ventrikelwand eingebracht, das zuführende Conduit wird in den Pulmonalarterienstamm eingebracht.

Vor Ingangsetzen des Unterstützungssystems wird bei den teilweise implantierbaren Systemen das Steuerkabel im rechten unteren Quadranten des Abdomens, d.h. getunnelt, ausgeleitet und mit der Steuereinheit verbunden. Nach einer sorgfältigen Entlüftung der Pumpkammer(n) über kontrollierte Einzelschläge wird das System in der Regel festfrequent gestartet. Zeigt das Pumpsystem danach eine einwandfreie Funktion, kann die Herz-Lungen-Maschine problemlos abgestellt werden.

Um eine Verletzung des Ausflussconduits bei einem Reeingriff (Transplantation) zu vermeiden, kann die rechte Pleura eröffnet und das/die Ausflussconduit(s) in einem Bogen dahin verlagert werden. Es hat sich aber auch bewährt, die Dacronconduits einfach mit einer Gore-Tex®-Membran zu bedecken, für Silikonconduits ist dies nicht notwendig.

7.5 Intraoperative Probleme/Komplikationen

Hauptproblem in der Frühphase ist die Blutungskomplikation. Verantwortlich dafür sind multiple Faktoren seitens der Patienten, der Unterstützungssysteme und des operativen Eingriffs. Trotz Protamingabe und evtl. auch einer Thrombozytentransfusion kann es schwierig sein, eine suffiziente Hämostase zu erzielen. Insbesondere beim Postkardiotomiepatienten mit langen Herz-Lungen-Maschinen-Zeiten ist eine ausreichende Gerinnung manchmal kaum zu erzielen. Gegebenenfalls wird der Thorax mit einem „Reißverschluss" versehen und die Dränagen an ein CATS-System zur unmittelbaren Retransfusion der Dränageverluste angeschlossen. Eine Vollheparinisierung, die bei allen Systemen außer dem HeartMate notwendig ist, erfolgt erst 6–24 h nach Sistieren bedeutender Dränageverluste.

Bei Linksherzsystemen ist die Funktion des nativen rechten Herzens bedeutsam. Manifeste Rechtsherzprobleme entstehen bei etwa 10% aller Patienten nach Implantation eines Linksherzunterstützungssystems und führen zu einem Low-output-Syndrom. Ursachen dafür können eine Volumenüberladung des rechten Herzens durch die gesteigerte linksseitige Auswurfleistung („preload failure"), eine verminderte rechtsventrikuläre Pumpfunktion durch Veränderung der linksventrikulären Geometrie (Septum!) und ein erhöhter Lungengefäßwiderstand, z. B. infolge multipler Transfusionen, sein. Prophylaktisch kann das LVAD zunächst mit limitierter Leistung gestartet und die Leistung orientierend am ZVD allmählich gesteigert werden. Routinemäßig sollte eine Nachlastsenkung durch eine Beatmung mit Stickstoffmonoxid (bis 30 ppm) und nach Extubation mittels Prostaglandininfusion (Alprostadil, Epoprostenol, Iloprost) erfolgen und bei sich manifestierenden Rechtsherzproblemen maximiert werden. Auch eine frühe Extubation entlastet den rechten Ventrikel. Bei einem ausreichenden Pumpenfluss tolerieren Patienten auch einen relativ hohen ZVD (>20 mmHg) und können in Einzelfällen sogar an eine Fontan-Situation adaptieren. Versagen alle diese Maßnahmen, bleibt nur die Implantation eines zusätzlichen rechtsventrikulären Unterstützungssystems, was in etwa 3% der Fälle erfolgt.

Liegt die linksventrikuläre Einflusskanüle nah am Septum, kann sie durch ein vorwölbendes Septum bei ausgeprägter Rechtsherzdilatation verlegt werden, woraus ein linksseitiges Low-output-Syndrom entstehen kann. Differenzialdiagnostisch ist eine Tamponade auszuschließen, die bei LVAD-Patienten in der Regel nicht mit dem typischen Anstieg des ZVD einhergeht. Das Einschwemmen eines Pulmonaliskatheters ist in solchen Situation nur bedingt hilfreich, da ein unterschiedliches Herzminutenvolumen im Vergleich zum Pumpenvolumen mehrere Ursachen haben kann:

- Bei einer Trikuspidalinsuffizienz werden falsche Messwerte gewonnen.
- Bei einer Aortenklappeninsuffizienz ist der Pumpenfluss höher.
- Bei einer sich öffnenden nativen Aortenklappe ist der Pumpenfluss niedriger als der mit dem Pulmonaliskatheter gemessene Fluss.
- Schließlich kann auch ein offenes Foramen ovale vorliegen, hierbei dominieren klinisch jedoch in der Regel eine schwere Hypoxie bzw. ein Nichtansprechen auf eine hohe Sauerstoffkonzentration.

Bei unklarem Low-output muss daher stets eine transösophageale Echokardiographie erfolgen, mit der meist eine korrekte Diagnose gestellt werden kann.

Eine seltene Komplikation ist das postoperative Hyperperfusionssyndrom, auch posteriore Leukenzephalopathie genannt. Aufgrund des für den Patienten ungewohnt hohen Blutdrucks und -flusses (dP/dt beim HeartMate I früher bis 990 mmHg/s!) entwickeln sie ein ausgeprägtes Hirnödem mit schlechter Prognose, auch wenn frühzeitig eine Therapie mit Blutdrucksenkung, Flussreduktion und festfrequenter Pumpenfunktion implementiert wird.

Blutungskomplikationen und insbesondere Thrombembolien drohen auch im Langzeitverlauf, da alle Patienten mehr oder weniger eine milde Verbrauchskoagulopathie entwickeln und die optimalen Antikoagulationsschemata bislang noch nicht gefunden sind. Thromben können bereits vor der VAD-Implantation im Ventrikel vorhanden sein, ansonsten bilden sie sich nach derselben bevorzugt im Bereich des Einflussconduits bzw. dessen Klappe. Da, abgesehen vom HeartMate, alle Systeme eine strikte Marcumarisierung mit einem INR von 2,5–3,5 erfordern, bildet die orale Antikoagulation die Grundlage nahezu aller Antikoagulationsschemata. Darüber hinaus können Hemmer der Thrombozytenadhäsion (z. B. durch Dipyridamol 150–200 mg/Tag) und der Thrombozytenaggregation (z. B. durch Aspirin 100–1000 mg/Tag, Clopidogrel 75–150 mg) sowie Fibrinolysehemmer appliziert werden. Es ist bekannt, dass Thrombozytenaggregationshemmer die Thrombemboliegefahr signifikant senken können (ausschließliche Therapie beim HeartMate), jedoch sind sie nicht bei allen Patienten ausreichend wirksam.

Ein weiteres Hauptproblem im Langzeitverlauf ist die Infektionsgefahr. Alle mechanischen Langzeitunterstützungssysteme führen mehr oder weniger zu einem T-Zell-Defekt, d. h. einer immunsuppressiven infektionsbegünstigenden immunologischen Situation. Je mehr Kunststoff implantiert wurde, umso größer ist die Gefahr einer bakteriellen Kontamination des Unterstützungssystems, einer Device-Endokarditis und einer Sepsis. Infektionen im Bereich der Kabelaustrittsstelle sind zumeist Folge einer zu starken Bewegung des Steuerkabels, entsprechend zeigen sich diese Probleme bei den ruhig laufenden Impellerturbinen kaum. Sie sind durch eine lokale und systemische Therapie in der Regel beherrschbar, eine chirurgische Verlagerung des Kabels ist nur selten notwenig. Systemische Infektionen sind am häufigsten durch *Staphylococcus epidermidis* und *Staphylococcus aureus* bedingt und erfordern eine aggressive Antibiotikatherapie. Im Extremfall müssen eine fortwährende i.v. Antibiose und eine dringliche Herztransplantation erfolgen.

Fehlfunktionen der Unterstützungssysteme sind selten (<1%). Ausfälle der Steuerungseinheiten wurden besonders beim HeartMate bemängelt, auch Arrosionen des Ausflussconduits und Fehlfunktionen der Einflussklappen wurden berichtet. Bei den Impellersystemen können große Gerinnsel zu temporären oder permanenten Pumpenstopps führen, die eine unmittelbare medikamentöse (Azetylsalizylsäure, rtPA-Lyse) oder chirurgische (Pumpenwechsel) Intervention erforderlich machen.

7.6 Ergebnisse

Für die ECMO sind sie sehr ungünstig, nur etwa jeder 3. Patient überlebt neben dem Herzversagen auch die damit assoziierten Organkomplikationen, zu denen Infektionen (etwa 50%), eine dialysepflichtige Niereninsuffizienz (etwa 40%), neurologische Komplikationen (insgesamt etwa 30%, Apoplex etwa 6%, intrakranielle Blutung etwa 3%) und Komplikationen an einer unteren Extremität (Beinischämie 20%, Fasziotomie 4%, Amputation 2%) zählen.

Die Ergebnisse bei den Langzeitsystemen werden in erster Linie durch die Patientenselektion bestimmt. Eine frühzeitige „elektive" Implantation eines Unterstützungssystems ist mit einer wesentlich geringeren Komplikationsrate als eine dringliche oder notfallmäßige Implantation assoziiert. Aufgrund der heterogenen Bedingungen bzw. Patientengruppen wurden sehr unterschiedliche Komplikationsraten berichtet. Eine chirurgisch relevante Blutung trat bei den Systemen der 1. Generation in 10–50% der Fälle auf, Thrombembolien (überwiegend zerebral!) bei 5 bis >40%, systemische oder lokale Infektion bei 30–50% der Patienten. Letztendlich erlitt etwa jeder 2. Patient eine Komplikation. Bei den neueren Systemen liegen die Komplikationsraten wesentlich niedriger, insbesondere perioperative Blutungen und Infektionen sind kaum noch ein Problem. Bei großzügiger Indikationsstellung erreichen im Mittel etwa 50–60% aller Patienten die angestrebte Herztransplantation, wobei auch das Alter der Patienten bedeutsam ist (Überlebensrate ≤30 Jahre etwa 75–80%, >70 Jahre nur etwa 30%). Für die Implantation eines LVAD als permanentes System liegen noch ungenügende Erfahrungen vor, bislang haben nur wenige Patienten mehr als 2–3 Jahre an einem Unterstützungssystem überlebt.

Patienten mit einem implantierbaren Unterstützungssystem können nach ausreichender Rekonvaleszenz nach Hause entlassen und ambulant betreut werden, sofern sie mit der Bedienung des Systems, d.h. dem Ankoppeln des Heimmonitors und den Batteriewechseln, zurechtkommen und für Notfallsituationen trainiert worden sind. Dies ist in etwa 50–70% der Fälle möglich. Gerinnungskontrollen können durch den Patienten selbst oder durch den Hausarzt erfolgen. Werden die Patienten in regelmäßigen Abständen einer hämodynamischen Untersuchung unterzogen, d.h. wird geprüft, wie gut oder schlecht die Funktion des eigenen Herzens ist, kann abgeschätzt werden, wie hoch die Gefährdung des Patienten bei einem Ausfall des Unterstützungssystems ist.

Erhöhte PRA(„panel reactive antibodies“)-Werte können die Transplantation erschweren oder verzögern. Sie resultieren vermutlich überwiegend aus der Bildung von Anti-HLA-Antikörpern vom IgG- und/oder IgM-Typ infolge einer Transfusion von Blutprodukten, aber auch andere Ursachen werden diskutiert. Die genaue Inzidenz ist nicht bekannt, sie liegt vermutlich zwischen 20 und 60%. Die Antikörperbildung ist 3–6 Wochen nach der Implantation am höchsten ausgeprägt und klingt dann nicht selten spontan innerhalb von Wochen bis Monaten wieder ab. Die Bedeutung der erhöhten PRA-Werte als Risikofaktor für eine humorale Abstoßung bei einer nachfolgenden Transplantation ist noch unklar, jedoch wird überwiegend eine Intervention zur Senkung der PRA-Werte favorisiert, wobei Plasmapheresen, Immunadsorption, Immunglobulingabe und zytolytische Therapien mit Cyclophosphamid oder Methotrexat durchgeführt werden.

In jüngster Zeit wird zunehmend ein Entwöhnen von der mechanischen Kreislaufunterstützung angestrebt, was in den bisherigen Patientenkollektiven mit implantierbaren Systemen in etwa 5% der Fälle durchgeführt worden ist. Eine erfolgreiche Explantation des Unterstützungssystems setzt voraus, dass sich die Pumpfunktion des Herzens ausreichend erholt (EF >45–50%). Dies kann durch eine gute Entlastung des Herzens und ein Fortführen der Insuffizienzmedikation erreicht werden und sollte durch ausführliche Funktionsuntersuchungen des Herzens einschließlich Belastungstests bestätigt werden. Hierzu kann das LVAD kurzzeitig auf Minimalleistung gestellt oder abgeschaltet werden und anschließend eine ergometrische Belastung oder ein Dobutaminstressecho erfolgen. Die bisherige Erfahrung hat gezeigt, dass der Erfolg sehr vom Alter und der Insuffizienzdauer abhängt, wobei junge Patienten mit kurzer Anamnese die besten Resultate aufweisen. Während die Langzeitergebnisse bei Patienten mit einer akuten Myokarditis oder einem akuten Myokardinfarkt gut sind, entwickeln Patienten mit einer dilatativen Kardiomyopathie zu etwa 30% nach zunächst erfolgreicher Entwöhnung nach unterschiedlichen Intervallen ein Rezidiv und bedürfen dann entweder einer erneuten mechanischen Kreislaufunterstützung oder einer dringlichen Transplantation.

Kapitel 8 Herztransplantation

Eine Herztransplantation wurde erstmals durch Barnard 1967 durchgeführt [6]. Die Operationstechnik wurde im Wesentlichen in Stanford entwickelt und nach Einführung des Cyclosporins [15] und der transvenösen Biopsie [28] Anfang der 1980er Jahre die wichtigste Therapieform bei terminaler Herzinsuffizienz. Die heterotope Technik wurde erstmals 1974 durch Barnard u. Losman [7] durchgeführt, hat aber aufgrund der damit assoziierten Probleme und den entsprechend schlechteren Ergebnissen heutzutage keine Bedeutung mehr. In der westlichen Welt wurden bislang mehr als 55 000 Herztransplantationen durchgeführt. In Deutschland fällt ihre jährliche Zahl nach einem steilen Anstieg in den 1980er Jahren immer weiter ab und liegt mittlerweile bei <400 Eingriffen pro Jahr.

8.1 Anatomie/Pathologie

Eine Herztransplantation erfolgt zumeist aufgrund einer dilatativen (idiopathisch, Zustand nach Klappenoperation) oder ischämischen Kardiomyopathie. Zu den seltenen Ursachen gehören die restriktive und andere Kardiomyopathieformen, nicht korrigierbare angeborene Herzfehler, Klappenvitien im Endstadium, anderweitig therapierefraktäre maligne Rhythmusstörungen sowie auf das Herz beschränkte benigne Tumoren.

8.2 Operationsindikation

Die Indikation zur Herztransplantation wird gestellt, wenn unter maximaler konservativer Therapie keine Besserung des NYHA-III/IV-Stadiums erzielt werden kann und in den folgenden 12 Monaten ein Sterberisiko von 50% besteht, das durch keine andere operative Maßnahme signifikant gesenkt werden kann. Die hämodynamischen Kriterien entsprechen denen zur mechanischen Kreislaufunterstützung, d.h. die Indikation zur Herztransplantation wird bei einem Herzindex von <2,0 $l/min/m^2$ mit beginnender Multiorgandysfunktion und einer VO_2max< 12 ml/min/kg gestellt (s. Abschnitt 7.2). Allerdings sollte der pulmonalvaskuläre Widerstand 3–4 Wood-Einheiten und der transpulmonale Gradient (PA-Mitteldruck minus PC-Druck) 12–15 mmHg nicht übersteigen, da ansonsten ein Rechtsherzversagen nach Transplantation droht. In diesen Fällen ist nur eine heterotope Transplantation möglich. Bei grenzwertigen oder zu hohen Parametern kann präoperativ getestet werden, ob sich die Messwerte durch vasodilatatorische Medikamente (Prostaglandine, ACE-Hemmer, usw.) in akzeptable Bereiche senken lassen. In den letzten Jahren hat sich gezeigt, dass sich der pulmonalvaskuläre Widerstand auch durch die Implantation eines linksventrikulären Unterstützungssystems senken lässt – diese Therapie ist aber noch nicht etabliert (s. Abschnitt 7.2).

Bei Patienten mit einem mechanischen Kreislaufunterstützungssystem wird die Indikation zur Herztransplantation gestellt, wenn es zu keiner Erholung der Pumpfunktion des kranken Herzens kommt bzw. eine solche ausgeschlossen ist oder wenn bedrohliche Komplikationen wie Systemfehlfunktionen, rezidivierende Embolien oder Pumpkammerinfektionen aufgetreten sind.

In allen Fällen müssen jedoch stets die Kontraindikationen bedacht werden. Herztransplantationen können in jedem Alter bis etwa zum 70. Lebensjahr erfolgen. Allerdings ist das Risiko im Kleinkindesalter und im höheren Alter (etwa ab 50 Jahren) erhöht. Bei einem Tumorleiden, einer Systemerkrankung oder einer floriden Infektion (Ausnahme: Infektion eines Unterstützungssystems) ist eine Transplantation ebenfalls kontraindiziert, da diese Erkrankungen aufgrund der Immunsuppression unkontrollierbar aufblühen können. Weitere relative Kontraindikationen ergeben sich bei einer fortgeschrittenen Niereninsuffizienz (evtl. kombinierte Herz-Nieren-Transplantation), einem schweren Leberversagen und einer signifikanten Lungenerkrankung sowie bei hämatologischen Erkrankungen und einer schweren arteriellen Verschlusskrankheit. Darüber hinaus müssen das psychische und soziale Umfeld in Ordnung sein, da die Herztransplantation eine große Belastung für den Patienten darstellt und eine lebenslange enge Zusammenarbeit mit den behandelnden Ärzten erfordert.

8.3 Operationsverfahren

8.3.1 Spenderoperation

Als Spenderorgan werden in der Regel Herzen bis zu einem Alter von 50 Jahren akzeptiert, in Ausnahmefällen auch ältere Organe mit unauffälligem Koronarangiogramm und guter Pumpfunktion. (Das Spenderorgan sollte nicht sehr viel älter als der Empfänger sein.) Längere Reanimations- oder Hypotoniephasen, pathologische EKG- oder Echobefunde, höhere Katecholamindosen und schwere Elektrolytentgleisungen stellen einen Ablehnungsgrund dar.

Nach Sternotomie und Perikardiotomie wird das Herz inspiziert und pathologische Veränderungen wie eine Herzvergrößerung, eine ventrikuläre Dysfunktion, eine koronare Herzerkrankung, ein Myokardinfarkt, ein offenes Foramen ovale oder sichtbare Anomalien werden ausgeschlossen. Die obere Hohlvene wird angeschlungen und nach Vollheparinisierung okkludiert. Nach Anflimmern des Herzens wird die Aorta abgeklemmt und Kardioplegielösung (z.B. 3500 ml Brettschneider-Lösung) infundiert. Um eine Überdehnung des Herzens zu verhindern, werden beide Vorhöfe durch Inzision der unteren Hohlvene und einer Lungenvene entlastet. Zum Auslösen des

Herzens werden zunächst die untere Hohlvene, anschließend die 4 Lungenvenen, die obere Hohlvene, und beide Lungenarterien abgesetzt. Zuletzt wird der Aortenbogen dargestellt und je nach Bedarf durchtrennt. Nach Auslösen des Herzens werden die Vorhöfe von den zentralen Arterien über den Sinus transversus separiert, die Herzklappen inspiziert und ein offenes Foramen ovale ausgeschlossen oder verschlossen. Zum Transport wird das Spenderorgan in Kardioplegielösung 3fach steril verpackt.

8.3.2 Orthotope Transplantation

Zunächst wird der Patient median sternotomiert und über eine Kanülierung der Aorta und beider Hohlvenen an die Herz-Lungen-Maschine angeschlossen. Beide Hohlvenen werden angeschlungen und mit Drosseln (Tourniquets) okkludiert. Nach Abklemmen der Aorta ascendens wird zunächst das kranke Herz entfernt.

Das am meisten verwandte Opperationsverfahren stammt von Lower u. Shumway [113]. Hierbei wird das kranke Herz nicht vollständig exzidiert, sondern es bleibt die Rückwand beider Vorhöfe einschließlich der einmündenden Venen erhalten.

Die Implantation beginnt am linken Vorhof in Höhe des linken Herzohrs mit einer fortlaufenden Naht nachdem am Spender die linksatriale Rückwand exzidiert wurde (Abb. 17). Eine Evertierung der Nahtränder reduziert dabei die Gefahr einer späteren Thrombenaposition. Nachfolgend wird der rechte Vorhof des Spenderherzens von der Mündung der V. cava inferior kommend in Richtung Herzohr aufgeschnitten (die obere Hohlvene wird ligiert) und mit dem verbliebenen Rest des Empfängervorhofs ebenfalls mit einer fortlaufenden Naht anastomosiert. Es folgen eine End-zu-End-Anastomose der Pulmonalarterie, die möglichst knapp gehalten wird, damit sie nicht knickt, und nachfolgend eine End-zu-End-Anastomose der Aorta, welche großzügiger bemessen werden kann.

Während der Implantation kann die Konservierung des Spenderherzens durch Induktion einer moderaten Hypothermie, durch eine Oberflächenkühlung und durch eine kontinu-

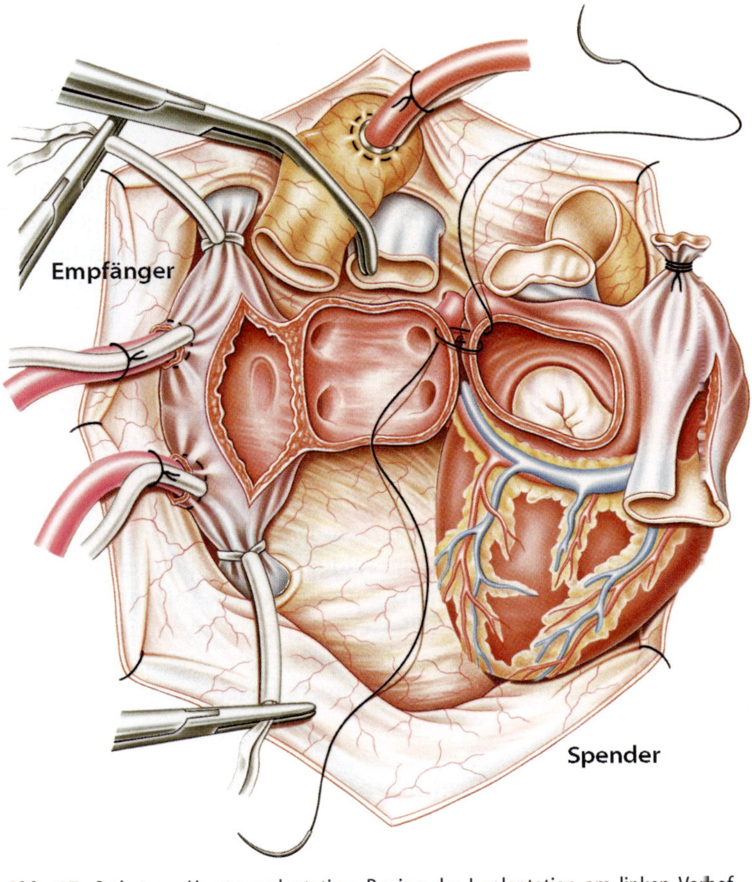

Abb. 17. Orthotope Herztransplantation: Beginn der Implantation am linken Vorhof

ierliche antegrade oder retrograde Gabe von Kardioplegielösung verbessert werden.

Alternative Verfahren beinhalten eine weitergehende Resektion der Vorhofanteile. Eine vollständige Entfernung des rechten [140] oder beider Vorhöfe [61] mit End-zu-End-Anastomosierung der beiden Hohlvenen bzw. der Lungenvenen führt zu weniger Sinusknotendysfunktionen und geringeren AV-Klappeninsuffizienzen (totale orthotope Herztransplantation).

8.3.3 Heterotope Transplantation

Bei ihr verbleibt das kranke Herz im Thorax. Der Anschluss der Herz-Lungen-Maschine erfolgt über eine venöse Doppelkanülierung, die weit von der Mündung der Hohlvenen eingebracht wird. Beim Spenderherz werden vorbereitend die Mündungen der unteren Hohlvene und der rechtsseitigen Lungenvenen durch Nähte verschlossen. Damit das Herz genügend Raum im Mediastinum findet, muss zunächst die rechte Pleura weit eröffnet werden. Die Implantation des Spenderorgans kann dann am flimmernden oder stillgestellten Herzen erfolgen. Der linke Vorhof des Empfängers wird analog dem Mitralklappenstandardzugang inzidiert und die linksseitige Pulmonalvenenmündung des Spenders anastomosiert. Die rechtsatriale Anastomose erfolgt über eine Längsinzision an beiden Herzen. Die Spenderaorta wird seitlich an die Empfängeraorta angeschlossen, die Spenderpulmonalarterie wird mit dem ebenfalls entnommenen Aortenbogen verlängert und mit der Pulmonalarterie für eine biventrikuläre Unterstützung oder mit dem rechten Vorhof für eine nur linksventrikuläre Unterstützung des Empfängers anastomosiert.

8.4 Intraoperative Probleme/Komplikationen

Das Hauptproblem bei jeder Transplantation ist die Konservierung. Nach inadäquater Konservierung bzw. zu langer Ischämiedauer resultiert eine mangelnde Pumpfunktion, die zum Low-output-Syndrom führt und die Implantation eines Unterstützungssystems notwendig macht. Im schlimmsten Fall wird eine ECMO angeschlossen und der Thorax offen gelassen bzw. nur mit einem Reißverschluss verschlossen, wobei die ECMO nicht selten länger als nur 48 h belassen wird, da sich schlecht konservierte Herzen auch noch nach mehreren Tagen ausreichend erholen können.

Bei hinreichender Organkonservierung, aber hohem Pulmonalwiderstand droht nach orthotoper Implantation unmittelbar ein Rechtsherzversagen, da das Spenderherz an den überhöhten pulmonalvaskulären Widerstand nicht adaptiert ist. Es ist daher empfehlenswert, diesen schon prophylaktisch durch eine NO-Beatmung oder Prostaglandininfusion so weit wie möglich zu senken.

Eine Schädigung des Sinusknotens ist bei der Technik nach Lower u. Shumway [113] nicht selten (etwa 20%). Sie wird zunächst durch temporäre Schrittmacherkabel ausgeglichen und bedarf später in der Hälfte der Fälle einer Schrittmacherimplantation.

Die schwerwiegendste, jedoch sehr seltene Komplikation ist die hyperakute Abstoßung durch präformierte Antikörper. Innerhalb kurzer Zeit lässt die Pumpfunktion des Herzens dramatisch nach. Nur in wenigen Fällen gelingt es durch massive immunsuppressive Maßnahmen (Kortison, Immunglobulingaben, Plasmapherese, T-Zell-Antikörper- und Zytostatikagabe) eine ausreichende Pumpfunktion zurückzugewinnen und den Patienten zu retten.

Bei der heterotopen Transplantation ist die unmittelbare Dysfunktion des Spenderherzens nicht so bedeutsam, da das kranke Herz verblieben ist – dies kann u.U. lebensrettend sein. Nachteilig sind jedoch eine Kompression des rechten Lungenmittel- und Lungenunterlappens. Im nativen Herzen können sich Thromben bilden, die zu Embolien führen, insbesondere wenn sich noch Klappenprothesen darin befinden. Aus diesem Grund sollten evtl. vorhandene mechanische Prothesen bei der Transplantation durch Bioklappen ersetzt werden. Bei ischämischer Erkrankung des Empfängerherzens muss auch bedacht werden, dass pektanginöse Symptome durch die heterotope Herztransplantation weiterhin bestehen bleiben.

8.5 Ergebnisse

Das perioperative Risiko einer orthotopen Herztransplantation liegt bei etwa 10%. Risikofaktoren sind eine Retransplantation [Odds-Ratio (OR) = 1,2], eine präoperative Beatmung (OR = 1,7), ein zugrunde liegendes kongenitales Vitium (OR = 2,5) und eine VAD-Implantation (OR = 1,2). Weiterhin steigt das Risiko nahezu linear mit der Ischämiezeit (OR > 1 ab 3 h), dem pulmonalvaskulären Widerstand (OR > 1 ab 3 WU), dem Empfängeralter (OR > 1 ab 50 Jahre) und dem Spenderalter (OR > 1 ab 30 Jahre) an. Der Einfluss des Geschlechts spielt nur eine geringe Rolle (weiblicher Spender OR = 1,23; weiblicher Empfänger OR = 1,09), ebenso präformierte Antikörper (OR = 1,13) und ein HLA-DR-Mismatch (OR = 1,1).

Die 1-Jahres-Überlebensrate liegt bei knapp 80%, die Hälfte aller Patienten lebt etwa 10 Jahre. Bei Kindern sind die Langzeitergebnisse etwas besser, das „half-life" liegt bei 12 Jahren. Frühe Abstoßungen verschlechtern die Prognose, vermutlich durch eine Begünstigung einer chronischen Abstoßung. Welche Rolle eine Erhaltungstherapie ohne Steroide spielt, ist noch unklar. Erstaunlicherweise fanden sich bei Kindern mit einer steroidfreien 2fachen Immunsuppression (33%) eine bessere Langzeitüberlebensrate und eine geringere Transplantatvaskulopathieinzidenz als bei solchen mit einer 3fachen Immunsuppression (66%).

Die Rehabilitationserfolge nach Herztransplantation sind beachtlich. Etwa 90% aller Patienten fühlen sich in ihrer Leistungsfähigkeit uneingeschränkt, 9% sind in ihrer Aktivität limitiert, und nur 1% sind Pflegefälle. Knapp die Hälfte der Patienten wird vollzeit- oder teilzeitbeschäftigt wieder im Beruf tätig. Rehospitalisationen werden nach dem 1. Jahr nur bei jedem 5. Patienten notwendig, hauptsächlich wegen Infektionen (50%) und sonstigen Ursachen, Abstoßungen sind nur noch in 10% der Fälle dafür verantwortlich (< 1 Jahr: 50%).

Sehr bedeutsam im Langzeitverlauf sind die Nebenwirkungen der Immunsuppressiva. Neben dem Übergewicht, welches die Mehrzahl der Patienten aufweist, zeigen 66% der Patienten eine arterielle Hypertonie, 41% eine Hyperlipidämie, 16% einen Diabetes mellitus und 13% eine renale Dysfunktion (Dialysepflicht 2%) nach 5 Jahren. Darüber hinaus entwickeln 10% der Patienten innerhalb dieser Zeit ein Malignom (Hauttumoren 52%, Lymphome 15%).

Die Haupttodesursache im Langzeitverlauf sind die chronische Abstoßung/Transplantatvaskulopathie (23%) sowie ein primäres unspezifisches Transplantatversagen (21%). Risikofaktoren für die Entwicklung einer Transplantatvaskulopathie sind ein hohes Spenderalter (OR = 2,9 ab 60 Jahre, OR = 2,0 ab 50 Jahre) und eine koronare Herzerkrankung als Grund für die Transplantation (OR = 1,2), wogegen das Auftreten einer Transplantatvaskulopathie bei weiblichen Patienten (OR = 0,8), bei weiblichen Spenderorganen (OR = 0,8) und bei Patienten mit kongenitalen Vitien (OR = 0,4) seltener ist. Als weitere Todesursachen spielen Malignome (18%), Infektionen (10%) und akute Abstoßungen (4%) eine bedeutende Rolle.

Kapitel 9 Rhythmuschirurgie

Der Stellenwert der Rhythmuschirurgie beschränkte sich seit der Etablierung der interventionellen Ablationsverfahren über Jahre hinweg auf die ICD- und Herzschrittmacherimplantation, da eine chirurgische Ablation von Präexzitationssyndromen wie dem WPW-Syndrom (1999 nur n = 11) und von ventrikulären Tachykardien (1999 nur n = 50) nur noch sehr selten erfolgt. Seit etwa 5 Jahren gewinnen chirurgische Ansätze zur Ablation von passagerem und chronischem Vorhofflimmern zunehmend an Bedeutung und werden in einigen Kliniken bereits routinemäßig angewendet.

9.1 Herzschrittmacherimplantation

Die erste Implantation eines komplett implantierbaren Herzschrittmachers erfolgte 1958 durch Elmquist u. Senning [56]. Kurz zuvor hatte Furman u. Robinson [75] transvenöse Elektroden eingeführt. In den nachfolgenden Jahren hat sich die Schrittmacherimplantation vehement weiterentwickelt, sodass von Kardiologen und Kardiochirurgien in Deutschland mittlerweile etwa 25 000 Herzschrittmacher pro Jahr implantiert werden. Die gegenwärtigen Schrittmacher haben ein Titangehäuse und wiegen bei einer Größe von 4–5 cm und einer Dicke von etwa 7 mm 20–30 g. Die Lithium-Jod-Akkus erlauben eine Lebenszeit von etwa 10 Jahren (Impulsspannung etwa 3 V, Impulsdauer etwa 0,5 ms). Elektroden gibt es in zahlreichen Ausführungen. Sie besitzen einen Durchmesser von etwa 2 mm und bestehen aus leitenden Nickellegierungen, die mit Silikon isoliert sind.

9.1.1 Anatomie/Pathologie

Im Sulcus deltoideopectoralis liegt die V. cephalica, die nachfolgend (häufig rechtwinklig) in die V. subclavia mündet. Letztere liegt unter der Kalvikula neben der entsprechenden Arterie und zieht über die obere Thoraxapertur zum Herzen. Die eingebrachten Elektroden nutzen die Trabekularisierung des rechten Vorhofs und Ventrikels, an der sie sich gut verankern lassen.

Bei Patienten mit bereits stattgehabter Schrittmacherimplantation kann es zu einer klinisch wenig bedeutsamen Thrombose der V. subclavia kommen, die jedoch einen Reeingriff über dasselbe Gefäß unmöglich macht. Eine weiteres Hindernis für endovaskuläre Schrittmacherelektroden sind Herzklappenprothesen. Eine mechanische Prothese in Trikuspidalposition kann nicht durch eine Elektrode passiert werden, bei Bioprothesen ist dies möglich, sofern keine wesentliche Klappeninsuffizienz resultiert. Auch eine native Trikuspidalklappeninsuffizienz ist ungünstig, da durch die Regurgitationsflüsse eine Fixierung der Elektroden schwierig ist.

9.1.2 Operationsindikation

Allgemein gesprochen erfolgt eine Schrittmacherimplantation bei „symptomatischer Bradykardie". Die Symptome können sich akut aufgrund einer zerebralen Minderperfusion oder chronisch bei reduzierter kardialer Pumpleistung manifestieren oder auch vollkommen uncharakteristisch sein. Wichtig ist der kausale Zusammenhang mit der Bradykardie, wobei auszuschließen ist, dass der Zustand nur vorübergehend ist. Entsprechend ist die jeweilige kardiale Grunderkrankung für die Indikationsstellung bedeutsam. Neben den in Tabelle 13 dargestellten Kriterien können eine postoperative Bradykardie nach Herzoperation (>48 h insbesondere nach Aorten- und Mitralklappenoperation), eine hypertrophe obstruktive Kardiomyopathie (s. Abschnitt 4.5), ein Long-QT-Syndrom (Bradykardie unter β-Blocker-Therapie, oder Induktion von Torsades-de-pointes-Tachykardien durch Bradykardie) und ein Schlaf-Apnoe-Syndrom

Tabelle 13. Indikationen zur Herzschrittmacherimplantation

	Effektivität belegt (Klasse I)	Effektivität wahrscheinlich (Klasse IIa)	Effektivität unklar (Klasse IIb)
Erworbene atrioventrikuläre Leitungsstörungen			
Symptomatische Patienten	AV-Block III und II, permanent oder intermittierend		AV-Block I mit AV-Überleitung > 300 ms bei LV-Dysfunktion
Asymptomatische Patienten (prognostische Indikation)	AV-Block III permanent Häufig intermittierender AV-Block III oder II Typ Mobitz II mit breitem QRS AV-Block III nach His-Bündel-Ablation	AV-Block III intermittierend, außerhalb des Schlafs oder bei eingeschränkter LV-Funktion AV-Block II bei Blockierung im His-Purkinje-System AV-Block II Typ Mobitz II mit schmalem QRS bei persistierender Blockierung unter Belastung, insbesondere bei eingeschränkter LV-Funktion AV-Block II bei neuromuskulärer Erkrankung	AV-Block III ohne die genannten Kriterien AV-Block II Typ Mobitz I (Wenkebach) bei älteren Patienten oder eingeschränkter LV-Funktion AV-Block I bei neuromuskulärer Erkrankung
Kongenitaler AV-Block			
Symptomatische Patienten	AV-Block III oder II		
Asymptomatische Patienten (prognostische Indikation)	AV-Block III oder II bei eingeschränkter LV-Funktion; assoziiertem Herzfehler; HF < 50/min, fehlendem HF-Anstieg unter Belastung oder Asystolien > 3 s; Ersatzrhythmus mit breitem QRS, gehäuften ventrikulären Ektopien; verlängertem QT-Intervall	AV-Block III oder II ohne die genannten Kriterien	

Tabelle 13 (Fortsetzung)

	Effektivität belegt (Klasse I)	Effektivität wahrscheinlich (Klasse IIa)	Effektivität unklar (Klasse IIb)
Chronische Bi-/trifaszikuläre Leitungsstörungen			
	Bifaszikulärer Block mit intermittierendem AV-Block III Bifaszikulärer Block mit häufigem AV-Block II Mobitz II Alternierender Schenkelblock	Bifaszikulärer Block bei Verdacht auf kardiale Synkopen und Ausschluss anderer Ursachen HV-Verlängerung ≥ 100 ms oder infrahissäre Blockierung unter Vorhofstimulation bei asymptomatischen Patienten	Neuromuskuläre Erkrankung und faszikulärer Block unabhängig von Symptomen
Resynchronisation			
▪ Symptomatische Herzinsuffizienz mit LVEF $\leq 35\%$, LVEDD ≥ 55 mm und intraventrikulärer Leitungsverzögerung	NYHA III und IV mit LSB und QRS > 150 ms und Sinusrhythmus	NYHA III und IV mit LSB und QRS 120-150 ms und Sinusrhythmus NYHA III und IV mit LSB und QRS > 150 ms und Vorhofflimmern	NYHA III und IV mit QRS > 120 ms ohne LSB NYHA III und IV und konventionelle SM-Indikation NYHA II mit LSB und QRS > 150 ms und Sinusrhythmus
Akuter Myokardinfarkt mit AV-Leitungsstörung			
	AV-Block III oder II Mobitz Typ II > 14 Tage nach AMI	Transienter AV-Block III oder II mit konsekutivem persistierendem Schenkelblock	Vorbestehender Schenkelblock mit transientem AV-Block III oder II Mobitz Typ II

Bradyarrhythmie bei permanentem Vorhofflimmern			
Symptomatisch	VF mit HF<40/min oder Pausen (>3 s tagsüber, >4 s nachts), spontan oder durch Medikation, mit chronotroper Inkompetenz, mit eindeutigem klinischen Zusammenhang	VF mit HF<40/min oder Pausen (>3 s tagsüber, >4 s nachts), spontan oder durch Medikation, mit vermutetem klinischem Zusammenhang	
Asymptomatisch	VF mit regelmäßiger HF<40/min und breiten QRS Bei geplanter AV-Knoten-Ablation	VF mit unregelmäßiger HF<40/min und breiten QRS VF mit regelmäßiger HF<40/min und schmalen QRS	VF mit HF<40/min oder Pausen (>3 s tagsüber, >4 s nachts) und schmalen QRS außerhalb von Schlaf, bei eingeschränkter LV-Funktion
Sinusknoten-syndrom	HF<40/min, Pausen >3 s, spontan oder durch Medikation, mit chronotroper Inkompetenz, mit eindeutigem klinischem Zusammenhang	HF<40/min, Pausen >3 s, spontan oder durch Medikation, mit chronotroper Inkompetenz, mit vermutetem klinischem Zusammenhang	HF<40/min, Pausen >3 s, außerhalb von Schlaf, bei eingeschränkter LV-Funktion
Paroxysmale Vorhoftachykardien			
		Hochsymptomatische, medikamentös refraktäre paroxysmale Vorhoftachykardien vor geplanter AV-Ablation	Medikamentös refraktäre, bradykardieassoziierte paroxysmale Vorhoftachyarrhythmien

Tabelle 13 (Fortsetzung)

	Effektivität belegt (Klasse I)	**Effektivität wahrscheinlich (Klasse IIa)**	**Effektivität unklar (Klasse IIb)**
Karotis-Sinus-Syndrom			
	Rezidivierende Synkopen mit eindeutigem Auslöser und Asystolie > 3 s	Rezidivierende, anderweitig nicht erklärbare Synkopen ohne eindeutigen Auslöser, aber mit hypersensitivem Karotis-Sinus-Reflex (Pause > 3 s)	
Vagovasale Synkope			
		Rezidivierend (≥5/Jahre) bei Patienten > 40 Jahre mit kardioinhibitorischen Pausen (>3 s), z. B. bei Kipptischuntersuchung, mit unzureichendem Ansprechen auf andere Maßnahmen	Rezidivierend mit dokumentierter Bradykardie, z. B. bei Kipptischuntersuchung, mit unzureichendem Ansprechen auf andere Maßnahmen

Klasse I, IIA, IIb Empfehlungsgrad

(noch Gegenstand aktueller Studien) eine Schrittmacherimplantation erfordern [107].

Neben der Indikationsstellung muss das Schrittmachersystem ausgewählt werden. Zur Charakterisierung der Schrittmachermodi wird der 5-stellige NBG-Kode (NASPE/BPEG Generic Pacemaker Code) verwendet:

1. Stimulationsort
2. Ort der Wahrnehmung
3. Betriebsart
4. Frequenzadaptation
5. Antitachykarde Eigenschaften

Es gilt der Grundsatz, dass der Vorhof solange wie möglich in die Wahrnehmung und Stimulation einbezogen wird. Ein VVI-Schrittmacher hat demnach nur noch bei chronischem Vorhofflimmern mit niedriger Kammerfrequenz, bei seltenen asystolischen Pausen und bei einer prophylaktischen Indikation eine Berechtigung. Bei bradykarden Rhythmusstörungen, die eine häufige oder ausschließliche Schrittmacherstimulation erfordern, sollte eine AAI- oder DDD-Stimulation erfolgen. Auf eine Frequenzadaptation sollte nur bei körperlicher Inaktivität und bei normaler oder nur gering eingeschränkter Frequenzregulation verzichtet werden. Modernere Funktionen beinhalten eine Frequenzglättung (z.B. bei Sinuspausen unter Belastung), das „mode switching" (automatischer Wechsel von DDD auf VVI bei atrialen Tachyarrhythmien) und die frequenzabhängige AV-Zeit-Verkürzung.

Trotz der zuvor definierten Indikationsstellung ist die Prognoseverbesserung durch eine 2- vs. eine 1-Kammer-Stimulation noch unklar. Es scheinen v.a. Patienten <75 Jahre und solche mit einer Spontanfrequenz ≤60/min von einer Vorhofbeteiligung zu profitieren. Auch das Auftreten von Vorhofflimmern und das Thrombembolierisiko scheinen darunter günstiger zu sein, was aber wohl keinen Einfluss auf das Apoplexrisiko hat. Beim Karotis-Sinus-Syndrom und bei der vagovagalen Synkope sollte ebenfalls ein 2-Kammer-Schrittmacher eingesetzt werden, da hierbei auch ein intermittierender AV-Block auftreten kann.

9.1.3 Operationsverfahren

Standardmäßig erfolgt eine Schrittmacherimplantation an der linken Seite, da die meisten Personen Rechtshänder sind. Der Eingriff kann in Lokalanästhesie in Rückenlage mit angelagertem linkem Arm durchgeführt werden. Nach einer 2–3 Finger breiten Inzision im Bereich des Sulcus deltoideopectoralis wird die V. cephalica aufgesucht. Eine „venae sectio“ wird durchgeführt, über welche sich eine Elektrode problemlos bis in das rechte Herz vorschieben lässt, bei einer großkalibrigen Vene gelegentlich auch 2 Elektroden. Häufiger muss bei der Implantation eines DDD-Schrittmachers zusätzlich eine Punktion der V. subclavia (Seldinger-Technik [137]) für die 2. Elektrode erfolgen. In der Regel wird zunächst die Ventrikelelektrode (Anker- oder Schraubenelektrode) in der Herzspitze platziert, wobei auf genügend Länge zu achten ist. Erleichtert wird das Einbringen der Sonde, wenn sie zuerst in die Pulmonalarterie geschoben wird, was eine Fehllage in den Koronarsinus ausschließt, und erst danach in die Herzspitze. Es sollte weder die Trikuspidalklappe kompromittiert werden noch die Sonde unter tiefer Inspiration unter Zug geraten. Die Vorhofsonde („J-lead“) wird am besten im gut trabekularisierten Herzohr fixiert. Hier sind Schraubenelektroden zu bevorzugen, da sie einen sichereren Halt bieten. Die Messwerte der Elektroden sollten in den folgenden Bereichen liegen: Sensing atrial 2 mV, ventrikulär 5 mV, Reizschwelle atrial und ventrikulär 1,5 V/0,5 ms, Impedanz etwa 1000 Ω, Slew rate >1 V/s.

Das Aggregat kann subkutan, subfaszial oder submuskulär platziert werden. Eine subkutane oder subfasziale Tasche ist weniger schmerzhaft zu präparieren, aber beim schlanken Patienten kosmetisch nachteilig. Submuskuläre Aggregate sind äußerlich dagegen kaum zu erkennen, allerdings sind Reeingriffe mühsamer.

9.1.4 Intraoperative Probleme/Komplikationen

Ist die V. cephalica zu klein oder lässt sich darüber keine Elektrode vorschieben, müssen alle Elektroden über eine Punktion der V. subclavia eingebracht werden. Wird das Einführbesteck passend gewählt, d.h. dass neben der Elektrode noch ein Führungsdraht eingebracht werden kann, ist nur eine Punktion für beide Elektroden notwendig. Fehlpunktionen der A. subclavia führen nach kurzer Kompression nur selten zu einer Blutungskomplikation. Ebenso selten ist ein Pneumothorax, vorausgesetzt man orientiert sich an den anatomischen Strukturen.

Schwierig kann es sein, eine Position mit akzeptablen Messwerten zu erreichen, insbesondere bei Patienten mit einer koronaren Herzerkrankung und apikalen oder septalen Myokardinfarkten. Gelegentlich muss eine atypische Position, d.h. höher am Kammerseptum oder mehr basisnah, gesucht werden. Am Vorhof muss die Elektrode bisweilen an der glatten Hinter- oder Seitenwand fixiert werden. Hier kann es besonders leicht zu Dislokationen der Elektroden kommen.

Das früher häufige Muskelzucken ist seit Verwendung bipolarer Elektroden nur noch selten ein Problem.

9.1.5 Ergebnisse

Die Herzschrittmacherimplantation ist ein Routineverfahren, das mit nahezu keiner Letalität assoziiert ist. Die Komplikationsrate liegt bei 3–5% und hängt von der Komplexität des Eingriffs ab. Am häufigsten treten Elektrodendislokationen bzw. Pace- und Sense-Probleme auf, Pneumothoraces, Infektionen und Sondenerosionen sowie ein sich in der Aggregattasche drehendes Schrittmacheraggregat (Twiddler-Syndrom) sind sehr selten. 2/3 all dieser Komplikationen treten innerhalb der ersten 3 Monate auf.

Problematisch sind Infektionen, bei denen sich große Thromben an den Elektroden bilden. Da diese nur selten unter einer antibiotischen Therapie abklingen, muss in der Regel eine offene Explantation der infizierten Schrittmacherelektrode mit Hilfe der Herz-Lungen-Maschine erfolgen.

9.2 Defibrillatorimplantation (ICD)

Nach langer Entwicklungsarbeit und Überwindung erheblicher Zweifel wurde der erste automatische Defibrillator 1980 von Mirowski et al. [120] implantiert. Mittlerweile ist die Defibrillatorimplantation ein anerkanntes Verfahren, in Deutschland werden derzeit knapp 10000 ICD pro Jahr eingesetzt. Primäres Ziel der ICD-Therapie ist die Lebensverlängerung durch Verhinderung des plötzlichen Herztods, sekundär soll die Lebensqualität verbessert werden (z.B. Vermeidung häufiger Krankenhausaufenthalte).

9.2.1 Anatomie/Pathologie

Anatomisch bedeutsam sind, wie bei der Schrittmacherimplantation, in erster Linie die Venenverhältnisse, da epikardiale Flächenelektroden nicht mehr implantiert werden. Beim Austausch einer ICD-Elektrode muss zudem bedacht werden, dass die alte Elektrode in der Regel entfernt werden muss, bevor eine neue implantiert wird, da ansonsten Interferenzen drohen.

9.2.2 Operationsindikation

Die Indikationen zur Implantation eines ICD (Tabelle 14) unterliegen einem ständigen Wechsel, 1998 wurden weitreichende Empfehlungen formuliert [81].

Eine etablierte Indikation besteht für einen Herzstillstand aufgrund von Kammertachykardien (VT) oder Kammerflimmern, nicht jedoch bei einer temporären oder reversiblen Ursache. Eine ICD-Implantation wird darüber hinaus bei spontanen anhaltenden VT, bei unklaren Synkopen mit elektrophysiologisch induzierbaren VT, die medikamentös nicht therapierbar sind (medikamentöse Therapie ist ineffektiv oder wird nicht

Tabelle 14. Indikationen zur ICD-Implantation

	Absolute Indikation	Relative Indikation
Herz-Kreislauf-Stillstand	Dokumentierte VT oder Kammerflimmern	Nicht dokumentierte VT oder Kammerflimmern mit erfolgreicher Defibrillation VT oder Kammerflimmern induzierbar
Ventrikuläre Tachykardien	Hämodynamisch wirksam (Schock, Synkope) Nicht hämodynamisch wirksam, aber EF < 35–40% Nichtanhaltend, nach Myokardinfarkt, EF ≤ 35–40%, induzierbar, nicht supprimierbar	Nicht hämodynamisch wirksam, EF > 35–40% Nichtanhaltend, nach Myokardinfarkt, EF ≤ 35–40% induzierbar, supprimierbar
Synkope (ohne dokumentierte Tachyarrhythmie)	VT oder Kammerflimmern induzierbar, EF ≤ 40%	VT oder Kammerflimmern induzierbar, EF > 40% VT oder Kammerflimmern nicht induzierbar, EF ≤ 40%
Asymptomatischer Risikopatient		Positive Familienanamnese für plötzlichen Herztod: HCCM, Long-QT, Brugada

toleriert) sowie bei nicht anhaltenden VT bei einer koronaren Herzerkrankung, früherem Herzinfarkt, einer linksventrikulären Dysfunktion und einer Nichtansprechbarkeit auf Klasse-I-Antiarrhythmika, empfohlen.

Keine Indikation besteht bei Synkopen ohne Nachweis einer induzierbaren ventrikulären Tachyarrhythmie, bei einem akuten Myokardinfarkt innerhalb von 48 h, bei asymptomatischen Postinfarktpatienten mit Spätpotenzialen und geplanter ACB-Operation, bei unaufhörlichen VT, bei VT mit idioventrikulären Rhythmen oder idiopathischer Genese oder gering ausgeprägtem Risikoprofil bei fehlender Klinik sowie bei asymptomatischen Patienten mit einer DCM und einer EF ≤ 30%.

9.2.3 Operationsverfahren

Die ICD-Implantation erfolgt in Intubationsnarkose und Rückenlagerung für gewöhnlich von der linken Seite und mit angelagertem Arm. Nach einer etwa 3 Finger breiten Inzision entlang des Sulcus deltoideopectoralis wird die V. cephalica durch „venae sectio“ dargestellt und die Defibrillationselektrode apikal in den rechten Ventrikel eingebracht. Ist die V. cephalica ungeeignet, erfolgt eine Punktion der V. subclavia, was auch bei einer zusätzlichen Vorhofelektrode (DDD-ICD) in der Regel notwendig ist. Die Testung der Reizschwellen und Sensing-Werte erfolgt wie bei der Herzschrittmacherimplantation. Die angestrebten Messwerte für die integrierte Schrittmacherfunktion sind identisch, die Defibrillationsschwelle sollte etwa 10 Joule unter der maximalen Energie, d.h. bei etwa 10–15 Joule liegen.

Eine Aggregattasche wird subpektoral präpariert, wobei darauf geachtet werden sollte, dass das ICD-Aggregat nicht in die Axilla rutschen kann. Die Testung der Defibrillationsschwelle erfolgt heutzutage meist mit dem schon konnektierten ICD-Aggregat über die Telemetrie.

9.2.4 Intraoperative Probleme/Komplikationen

Die intraoperativen Probleme bezüglich des Einbringens der Stimulations- bzw. Defibrillationselektroden entspricht denen der Schrittmacherimplantation.

Ein spezifisches Problem ist die Nichtauslösbarkeit der tachykarden Rhythmusstörungen und deren Nichtterminierbarkeit mit dem implantierten System. Ist eine Rhythmusstörung nicht auslösbar, kann eine sichere Terminierung bei Auftreten derselben nicht vorhergesagt werden. Im Zweifelsfall wird jedoch die Implantation vorgenommen. Ist keine adäquate Defibrillationsschwelle vorhanden bzw. durch Umprogrammierung zu erzielen, kann eine zusätzliche Einlage von 1–3 subkutanen Fingerelektroden (Array-Elektroden) erfolgen, aber nur auf der linken

Seite. Diese werden vom initialen Zugang aus unter die dorsale Subkutis eingebracht, sodass sie sich unter Durchleuchtung auf den Herzschatten projizieren.

9.2.5 Ergebnisse

Die postoperativen Komplikationen entsprechen größtenteils denen der Schrittmacherimplantation, sie treten in etwa 2–5% der Fälle auf. Sie umfassen Sondendislokationen, Aggregatdislokation und -rotation (Twiddler-Syndrom) sowie Serome und Wundinfektionen. Im Langzeitverlauf kommen Sondenerosionen und -brüche sowie Schwellenveränderungen mit nachfolgender inadäquater Defibrillatorfunktion hinzu.

9.3 Ablation von Vorhofflimmern

Die operative Therapie tachykarder Rhythmusstörungen auf Vorhofebene begann bereits 1967 durch Burchell et al. [20], die erstmals ein WPW-Syndrom abladierten. Weitere Operationstechniken für WPW-Syndrome folgten 1969 durch Sealy et al. [136] und 1970 durch Iwa et al. [94]. Offene Kryoablationstechniken wurden 1977 durch Gallagher et al. [76] und 1984 durch Guiraudon et al. [86] beschrieben. Aufgrund der wesentlich weniger invasiveren interventionellen Techniken finden solche Operationen heutzutage nahezu nicht mehr statt.

Vorhofflimmern wurde erstmals durch Cox [34] chirurgisch angegangen. Nach Einführung der interventionellen His-Bündel-Ablation [134] beschrieben Guiraudon et al. [86] ein prinzipiell ähnliches, jedoch chirurgisches Verfahren („corridor procedure“), das aber seltener zu einer Schrittmacherabhängigkeit führte. Die so genannte Maze-Prozedur, ein Operationsverfahren, das bis heute vielfach modifiziert und in einigen Kliniken noch sehr erfolgreich eingesetzt wird, wurde erstmals 1987 durch Cox et al. [35] durchgeführt. Mittlerweile konkurrieren bei der chirurgischen Behandlung des Vorhofflimmerns verschiedene, weit weniger invasive Ablationstechniken. Sie werden meist in Verbindung mit einem anderen herzchirurgischen Eingriff durchgeführt. Nur selten erfolgen sie isoliert oder minimalinvasiv.

9.3.1 Anatomie/Pathologie

Vorhofflimmern entsteht durch mehrere simultane kreisende Erregungen (im Mittel 4–5), die nicht um ein Hindernis, sondern um temporär refraktäre Myokardabschnitte kreisen, bevorzugt im linken Vorhof. Daher steigt die Wahrscheinlichkeit für ein Vorhofflimmern mit zunehmender Größe des linken Vorhofs.

9.3.2 Operationsindikation

Etwa 2% der Bevölkerung leidet an Vorhofflimmern, im Alter über 65 Jahren sind es schon 6%. Vorhofflimmern ist ein Risikofaktor für den Apoplex (4- bis 5fach erhöhtes Risiko!), das allgemeine Sterberisiko steigt um 20% im Vergleich zur Normalbevölkerung.

Die Indikation für eine Maze-Operation begründet sich meist in der schweren arrhythmiebedingten Symptomatik, wie Belastungsdyspnoe und rascher Ermüdbarkeit, sowie in der Unverträglichkeit von Medikamenten und in trotz adäquater Antikoagulation erlittenen zerebralen Thrombembolien. In der Mehrzahl sind dies Patienten mit paroxysmalem Vorhofflattern oder -flimmern, seltener solche mit chronischem Vorhofflimmern.

Die Indikation für die weniger invasiven, vorwiegend adjuvant benutzten Ablationsverfahren wird inzwischen viel liberaler gestellt, da sie nur noch mit wenigen Risiken verbunden und relativ schnell durchzuführen sind. Aufgrund der höchsten Erfolgsrate liegen auch hier die Hauptindikationen beim paroxysmalen und beim persistierenden Vorhofflimmern. Im Gegensatz dazu ist die Indikation für das permanente Vorhofflimmern insbesondere bei langer Anamnese und bei erheblich vergrößertem linkem Vorhof noch umstritten, da eine erfolgreiche Konversion wesentlich schwieriger zu erreichen ist.

9.3.3 Operationsverfahren

Ziel aller Operationsverfahren ist nicht nur die Rerhythmisierung, sondern auch die Wiederherstellung der atrialen Transportfunktion. Prinzip der Maze-Operation („maze“: engl. Labyrinth) ist es, durch multiple Inzisionen bzw. Nähte im Vorhof dafür zu sorgen, dass sich die Erregung nur vom Sinusknoten zum AV-Knoten fortpflanzen kann. Die Erregungsfront trifft stets auf eine Barriere, bevor es zur Ausbildung vollständiger Reentry-Kreise kommt. Mit Hilfe der anderen Ablationsmethoden (Tabelle 15) sollen die arrhythmischen Foci isoliert und die Entstehung von Reentry-Kreisen verhindert werden. Hierzu werden Ablationsbahnen um die Lungenvenen epi- oder endokardial angelegt. Zusätzlich erfolgen weitere Ablationsbahnen, die aber nicht standardisiert sind.

Maze-Operation. Der Eingriff erfolgt mit Hilfe der extrakorporalen Zirkulation (bikavale Kanülierung) und mit kardioplegischem Herzstillstand. Die Hohlvenen, die Lungenvenen, das Dach des linken Vorhofs und die interatriale Grube werden vollständig freigelegt. Das rechte Herzohr wird entfernt, und

Tabelle 15. Epi- und endokardiale Lungenvenenisolation und ihre Modifikationen für Vorhofflimmern

Energiequelle	Epikardial	Endokardial	Erfolgsrate nach 6–12 Monaten
Radiofrequenz	Atricure® Medtronic Cardioblate® Boston Scientific Corporation®	Atricure® Medtronic Cardioblate® Boston Scientific Corporation®	62–82% [99, 104, 121]
Mikrowelle	Guidant Flex®	Guidant Flex®	78–88% [101]
Kryo	CryoCath®	Cooper Surgical®	74–85% [57, 148]
Ultraschall	EpiCor®	–	75–85%
Laser	AtriLaze®	–	Noch unklar

eine senkrechte Inzision wird in den rechten Vorhof gelegt. Das Dach des linken Vorhofs wird inzidiert, und die Schnitte werden zum linken Herzohr und durch das interatriale Septum weitergeführt. Unterhalb der interatrialen Grube wird der linke Vorhof eröffnet. Die Inzision wird nach dorsal bis zum inzidierten Septum erweitert. Ein weiterer Schnitt zum posterioren Mitralklappenanulus folgt. Nachdem am Koronarsinus und am Mitralklappenanulus Kryoläsionen gesetzt wurden, werden die Inzisionen wieder verschlossen. Durch diese Schnittführung werden die Crista terminalis und der Vorderrand der Fossa ovalis durchtrennt, beides sind Hauptleitungswege vom Sinusknoten zum AV-Knoten. Die Erregungsausbreitung erfolgt nun über eine geschlängelte Bahn und aktiviert so das ganze Vorhofmyokard mit Ausnahme der Pulmonalvenen und Herzohren, ehe es an den AV-Knoten gelangt.

Lungenvenenisolation. Die Lungenvenenisolation sowie ihre Modifikationen (Tabelle 15) sind letztendlich eine extreme Simplifizierung der Maze-Operation. Da die arrhythmischen Foci im Wesentlichen im Bereich der Lungenvenen liegen, werden erregungsblockierende Narben (im Idealfall transmural) als Kreisbahnen um die ipsilateralen oder um alle Lungenvenen unter Einbeziehung der Rückwand des linken Vorhofs geschaffen. Dies kann am schlagenden Herzen von epikardial und am eröffneten linken Vorhof auch von endokardialer Seite aus erfolgen.

Zusätzliche Ablationsbahnen insbesondere zum Mitralring bis hin zu einer modifizierten Maze-III-Operation verbessern die Ergebnisse. Der Stellenwert einer additiven Ablation des rechten Vorhofs zur Verhinderung eines postoperativen Vorhofflatterns ist allerdings noch nicht abschließend geklärt. Sicher sinnvoll sind eine Amputation oder ein interner Verschluss des linken Herzohrs, damit sich dort keine Thromben bilden können.

9.3.4 Intraoperative Probleme/Komplikationen

Die ursprüngliche Maze-Operation ist sehr aufwändig und kann die mechanische Funktion der Vorhöfe kompromittieren. Frühpostoperativ können sich noch Episoden von Vorhofflimmern und -flattern bilden, da es durch das operationsbedingte Trauma zu einer Verkürzung der Refraktärperiode im Vorhof kommt, die jedoch durch Antiarrhythmika problemlos beherrscht werden können.

Die neueren Verfahren sind bei vorsichtigem Vorgehen sicher durchführbar. Verletzungen benachbarter Strukturen (z. B. Ösophagus) entstanden früher bei der endokardialen Radiofrequenzablation, heutzutage werden diese Probleme beherrscht.

9.3.5 Ergebnisse

Nach einer Maze-Operation zeigen 98% der Patienten eine atrioventrikuläre Synchronisation, wobei 89% postoperativ keiner weiteren antiarrhythmischen Medikation mehr bedürfen. Allerdings ergibt sich eine bedeutende Schrittmacherabhängigkeit, da Patienten oftmals präoperativ ein Sick-Sinus-Syndrom haben und eine iatrogene Sinusknotenverletzung entstehen kann. Die komplexe Maze-Operation ist daher nur bei sehr symptomatischen Patienten gerechtfertigt. Aus diesem Grund wird heutzutage insbesondere bei einer Zusatzmaßnahme bei anderen Eingriffen die einfachere Maze-III-Operation als besser geeignet angesehen [36]. Sie erfolgt dann zumeist nicht mit der „cut-and-sew"-Technik, sondern mit Hilfe der Radiofrequenzablation, da dies technisch einfacher und ähnlich effektiv ist. Nach einer Maze-III-Operation besteht ein Sinusrhythmus bei etwa 75% der Patienten bei Entlassung und bei etwa 90% nach 3 Monaten. Die Letalität liegt bei 2%, ein Schrittmacher für ein Sick-Sinus-Syndrom ist in bis zu 14% der Fälle beschrieben.

Die Ergebnisse der vereinfachten Verfahren von der simplen Lungenvenenisolation bis zu den weitgehenden Operationen sind uneinheitlich und hängen in erster Linie vom präoperativen Rhythmusbefund (paroxysmales → persistierendes → permanentes Vorhofflimmern), von der Anamnesedauer und von der Größe des linken Vorhofs ab. Insgesamt sind sie aber zufrieden stellend, auch lassen sich Therapieversager und Rezidive medikamentös besser kontrollieren als zuvor.

9.4 Ablation von Kammertachykardien

Die chirurgische Behandlung von Kammertachykardien spielt vorwiegend im Rahmen der Koronarchirurgie eine Rolle. Eine Koronarrevaskularisation ist jedoch nur wenig nützlich, da die Narbenbezirke verbleiben. Einzig bei belastungsinduzierten ischämisch bedingten Kammerarrhythmien ohne linksventrikuläres Aneurysma konnte ein Nutzen nachgewiesen werden. Eine Resektion eines Ventrikelaneurysmas eliminiert die Rhythmusstörungen nur in etwa 1/3 der Fälle und ist mit einer hohen Rezidivrate (40–80% in 5 Jahren) verbunden.

9.4.1 Anatomie/Pathologie

Kammertachykardien entstehen zumeist am Übergang des gesunden zum narbigen Myokard, d.h. im Randbereich von Myokardinfarkten [72]. In diesen Myokardarealen sind vitale Muskelbündel und Narbengewebe inselartig miteinander verflochten, was zu einer unregelmäßig gerichteten Erregungsausbreitung und zur Entstehung von Spätpotenzialen führt. Hinzu kommt eine verminderte elektrische interzelluläre Kopplung der Muskelfasern. Diese elektrophysiologischen Bedingungen stellen eine Voraussetzung für eine langsame Erregungsausbreitung und somit für die Entstehung der Reentry-Mechanismen dar.

9.4.2 Operationsindikation

Eine Operationsindikation besteht bei Patienten mit medikamentös therapierefraktären Kammertachykardien, die nicht durch einen ICD behandelt werden können oder als Alternative zu einer lebenslangen ICD-Therapie. Idealerweise sind dies Patienten mit einem gut abgrenzbaren Ventrikelaneurysma mit noch guter Pumpfunktion, die monomorphe Kammertachykardien aufweisen.

9.4.3 Operationsverfahren

Alle Operationstechniken zielen daraufhin ab, die Rentry-Kreisbahnen zu unterbrechen.

Der erste elektrophysiologisch geleitete chirurgische Eingriff zur Ablation von Kammertachykardien erfolgte 1978 durch Guiraudon et al. [85] in Form einer endokardialen zirkulären Inzision („encircling endocardial ventriculotomy"). Diese Operation erfolgt unter Zuhilfenahme der extrakorporalen Zirkulation am schlagenden Herzen. Der linke Ventrikel wird im Bereich der Narbe eröffnet. Mittels epikardialer Stimulationssonden und programmierter Stimulation werden die Kammertachykardie induziert und mit Hilfe einer (Finger- oder Socken)-Elektrode die Erregungsausbreitung auf der Herzoberfläche kartographiert (Mapping), d.h. der Ursprung der Kammertachykardie gesucht. Das arrhythmogene Gewebe zeigt hierbei bei normalem Sinusrhythmus eine Spätaktivierung und Signalfragmentierung und unter programmierter Stimulation bzw. bei ausgelöster Tachykardie am Ursprungsort der Arrhythmie die früheste Depolarisation. Nachfolgend wird der Übergangsbereich vom normalen Myokard transmural bis zum Epikard getrennt und danach die Inzision durch eine Naht wieder vereinigt, sodass das arrhythmogene Gewebe durch eine Narbenbildung vom intakten Myokard elektrisch isoliert wird. Diese Operationstechnik wurde inzwischen von vielen aufgrund einer hohen Komplikationsrate, insbesondere aufgrund der Beeinträchtigung der linksventrikulären Funktion und der damit assoziierten Letalität, verlassen. Andere führen sie jedoch nach wie vor mit großem Erfolg durch. Modifikationen der Technik durch Archiniegas et al. [2] und Ostermeyer et al. [125], welche nur eine partielle Inzision im Arrhythmiebereich vorsehen („partial encircling endocardial myotomy"), erscheinen beinahe so effektiv, vermeiden aber die hämodynamischen Komplikationen.

Alternativ kann auch eine so genannte Endokardresektion durchgeführt werden. Diese 1979 von Harken et al. [91] propagierte Methode beinhaltet die Resektion von Endokard und Subendokardschicht im entsprechenden Bereich des linken Ventrikels mit dem Elektrokauter.

Eine 3. Möglichkeit ist die Kryoablation im betreffenden Bereich, die bereits 1978 von Gallagher et al. [76] angegeben wurde. Bei Temperaturen von -65°C wird das leitende Gewebe vollständig zerstört, die Gewebekontinuität jedoch erhalten. Diese Methode eignet sich insbesondere auch für fokale Herde und isolierte Leitungsbahnen.

Nachfolgend wird bei allen Verfahren die Ventrikulotomie wieder verschlossen, wobei ein vorhandenes Aneurysma entsprechend der oben genannten Methoden reseziert werden kann.

9.4.4 Intraoperative Probleme/Komplikationen

Alle Verfahren setzen voraus, dass sich die Kammertachykardie mit der programmierten Stimulation auslösen lässt. Gelingt dies nicht, kann keine gezielte Ablation erfolgen. In einigen Fällen gelingt sie dann jedoch aufgrund alter Aufzeichnungen von elektrophysiologischen Untersuchungen. Nach chirurgischer Ablation bietet eine nachfolgende Nichtauslösbarkeit bei der Testung keine sichere Gewähr, dass die Kammertachykardien vollständig abladiert sind.

Haupttodesursache früh postoperativ ist das Low-output-Syndrom, da die meisten Patienten aufgrund der stattgehabten Myokardinfarkte bereits präoperativ eine schlechte linksventrikuläre Pumpfunktion aufweisen.

9.4.5 Ergebnisse

Die Frühletalität liegt bei etwa 5–16%. Etwa 2/3 aller Patienten benötigen nach der Operation keine antiarrhythmische Medikation mehr. Rezidive treten in etwa 5% der Fälle auf und können ggf. erneut chirurgisch angegangen werden.

Kapitel 10 Sonstige Eingriffe

10.1 Herztumoren

Herztumoren sind selten. Etwa 70% aller Herztumoren sind gutartig, und nur bei 30% besteht die Möglichkeit einer Invasion oder Metastasierung. Bahnson u. Newman [4] entfernten 1953 erstmals ein rechtsatriales Myxom mittels „inflow occlusion", Crafoord [37] gelang es 1954, ein linksatriales Myxom mit Hilfe der extrakorporalen Zirkulation zu exzidieren.

10.1.1 Anatomie/Pathologie

Die häufigsten Herztumoren sind Myxome. Sie können in allen Herzkammern vorkommen, finden sich jedoch zu 75% im linken Vorhof (18% im rechten Vorhof). In der Regel entspringen sie gestielt im Bereich der Fossa ovalis und prolabieren in die Mitralklappenöffnung. Eine familiäre Häufung mit dominanter Vererbung findet sich in 5% der Fälle.

10.1.2 Operationsindikation

Per se stellt jeder Tumor im Herzen eine Operationsindikation dar. Meist ist der Tumor ein Zufallsbefund bei der Evaluation von Patienten. Bei einem Myxom weisen die Patienten in der Regel die typischen Symptome einer Mitralstenose auf. Arterielle (zerebrale) Embolien finden sich in annährend 50% der Fälle.

10.1.3 Operationsverfahren

Die Exstirpation eines Myxoms erfolgt mit Hilfe der extrakorporalen Zirkulation und im kardioplegischen Herzstillstand. Der Zugang richtet sich nach der Tumorlokalisation, häufig werden der linke und der rechte Vorhof wie bei der Mitralchirurgie eröffnet, und der Tumor einschließlich Stiel und septalem Ursprung reseziert. Das Vorhofseptum kann mit Hilfe eines Perikardflickens wieder rekonstruiert werden. Sind ausgedehntere Rekonstruktionen notwendig, bietet sich Gore-Tex® an.

Bei ventrikulären Tumoren hängt die operative Technik vom Tumortyp ab. Gutartige Tumoren (Lipome, papilläre Fibroelastome, Rhabdomyome, Hämangiome usw.) können teilweise enukleiert werden, wogegen maligne Tumoren (Sarkome, Mesotheliome, Lymphome) aufgrund der schlechten Prognose radikal reseziert werden sollten.

10.1.4 Intraoperative Probleme/Komplikationen

Große Myxome können u. U. schwierig in toto zu entfernen sein. Eine Fragmentierung des Tumors sollte jedoch verhindert werden. Ausgedehnte Rekonstruktionen am Vorhof sind komplikationsträchtig, Blutungen und Thrombusbildung sind möglich.

Bei einer Tumorinvasion in die Ventrikel kann eine kurative Resektion u. U. nicht möglich sein. In diesen Fällen ist die Indikation für eine Herztransplantation als einzig kurative Maßnahme zu prüfen.

10.1.5 Ergebnisse

Das Risiko der Myxomexzision beträgt <5%. Die Langzeitprognose ist gut, die Rezidivrate liegt bei 1–3%. Eine Ausnahme hiervon sind die familiären Myxome, bei denen Rezidivraten von 30–75% beschrieben sind.

Bei malignen Tumoren bestimmen die Radikalität des Eingriffs bzw. eine vorhandene Metastasierung die Prognose.

10.2 V.-cava-Tumoren

10.2.1 Anatomie/Pathologie

Primäre V.-cava-Tumoren (z.B. Sarkome) sind eine extreme Seltenheit. Die meisten Tumoren in der V. cava inferior entspringen im Bereich einer Niere (z.B. Hypernephrom) und wachsen zapfenförmig ohne größere Infiltration der Venenwand über eine Nierenvene in die V. cava inferior und nach kranial bis in das rechte Herz. Je nach Tumortyp kann es durch Tumorfragmentation zu Lungenembolien kommen.

10.2.2 Operationsindikation

Eine Indikation zur Tumorexstirpation kann im Rahmen einer potenziell kurativen Tumornephrektomie erfolgen, nur selten palliativ bei drohender Herzinsuffizienz. Voraussetzung ist stets, dass keine Kontraindikationen für den Einsatz einer Herz-Lungen-Maschine vorliegen und ein so genannter komparativer Nutzen gegeben ist.

10.2.3 Operationsverfahren

Die Operationstechnik richtet sich nach dem Ausmaß des Tumorwachstums. Ist nur die infrahepatische V. cava befallen, erfolgt der Eingriff ohne extrakorporale Zirkulation lediglich durch Abklemmen der V. cava. Beim intrahepatischen oder kardialen Befall ist der Anschluss der Herz-Lungen-Maschine ratsam. Hierbei kann das Einbringen der venösen Kanüle bei ausgeprägtem intrakavitärem Tumorwachstum schwierig sein, ggf. müssen die obere Hohlvene oder die Pulmonalarterie kanüliert werden. Die untere Hohlvene wird, soweit möglich, auf ganzer Länge dargestellt. Die Tumorexstirpation im Herzen erfolgt am besten in tiefer Hypothermie mit Kreislaufstillstand, da die V. cava infrakardial tumorbedingt schlecht abzuklemmen ist. Auch beim Ausräumen der V. cava inferior ist ein Kreislaufstillstand vorzuziehen. Das hat den Vorteil eines trockenen Operationsfeldes mit guter Sicht, Tumorpartikel werden nicht in den Kreislauf verschleppt und Stauungsproblematiken seitens abdomineller Organe treten nicht auf. Bei einer Infiltration der Venenwand kann diese lokal reseziert und durch einen Gore-Tex®-Flicken, eine Gore-Tex®-Rohrprothese oder xenogenes Material ersetzt werden. Bei einer ausgedehnten Kollateralisation können die V. cava auch reseziert und auf eine Rekonstruktion verzichtet werden (Diskontinuitätsoperation).

10.2.4 Intraoperative Probleme/Komplikationen

Bei einem Hypernephrom als Grunderkrankung sollte normalerweise die Nephrektomie zuerst erfolgen, danach mit Hilfe der Herz-Lungen-Maschine die Desobliteration der V. cava. Dieses Vorgehen vermindert das Blutungsrisiko bei der Nephrektomie. Sollte es dennoch Komplikationen geben, kann der Eingriff nach der Nephrektomie abgebrochen werden und die Desobliteration der V. cava zweizeitig erfolgen.

Ein Tumorwachstum durch die Trikuspidalklappe kann zu einer Erweiterung des Klappenanulus mit nachfolgender Trikuspidalinsuffizienz führen, sodass eine DeVega-Plastik notwendig werden kann.

10.2.5 Ergebnisse

Die Prognose hängt vom Ausmaß der Verlegung der V. cava durch den Tumor, dem lokalen Tumorwachstum und der Radikalität der Operation ab. Ohne Operation ist die Prognose bei intrakavalem Tumorwachstum extrem schlecht, insbesondere bei atrialer Beteiligung. Bei operativer Versorgung weisen die wenigen kleinen Patientenkollektive überraschend gute Ergebnisse auf (z. B. 2-Jahres-Überlebensrate 75%), daher erscheint eine liberale Operationsindikation gerechtfertigt.

10.3 Lungenembolie

Bei ihr werden die Pulmonalarterien oder ihre Äste zumeist durch Thromben verlegt, andere Ursachen können Fett (Polytrauma), Luft und Fruchtwasser sein. Die meisten Embolien betreffen die Lungenunterlappen, rechts häufiger als links. Schätzungen zufolge sterben in Deutschland jährlich 50 000–100 000 Patienten an einer Lungenembolie.

Chirurgische Verfahren zur Thrombektomie einer Pulmonalarterie wurden bereits 1908 durch Trendelenburg [145] beschrieben und 1924 durch Kirschner [100] erstmals erfolgreich angewendet. Nach Einführung der extrakorporalen Zirkulation führte Sharp [138] 1961 mit ihrer Hilfe die erste erfolgreiche Embolektomie durch. Eine pulmonale Embolektomie bei chronisch rezidivierenden Lungenembolien wurde bereits 1960 durch Allison [138] durchgeführt, erreichte aber erst durch Daily et al. [40] Anfang der 1980er Jahre eine größere Verbreitung bzw. Akzeptanz.

10.3.1 Anatomie/Pathologie

Etwa 80% der Thromben bei einer akuten Lungenembolie stammen aus Phlebothrombosen im tiefen Bein-Beckenvenensystem, wesentlich seltener kommen sie aus dem rechten Herzen oder dem Gebiet der oberen Hohlvene (z. B. zentraler Venenkatheter). Am häufigsten entstehen die Thrombosen in den unteren Extremitäten, links häufiger als rechts (Abflussbehinderung der V. iliaca communis an der Kreuzung mit der Arterie).

Ätiologisch ist der von Virchow 1856 beschrieben Trias bedeutsam:

- Endothelverletzung,
- verlangsamte Blutströmung und
- veränderte Blutzusammensetzung.

Zu den wichtigsten Risikofaktoren gehören Immobilisation (v. a. postoperativ!), Adipositas, Herzinsuffizienz, Schwangerschaft, Gerinnungsstörungen, Tumoren und Ovulationshemmer.

Bei einer akuten Lungenembolie kann ein 50%iger Verschluss des Gefäßbetts aufgrund der großen Gefäßkapazitätsreserve ohne Drucksteigerung toleriert werden. Bei einer schon vorgeschädigten Lunge können aber schon wesentlich kleinere Embolien zu massiven Druckanstiegen und zum Rechtsherzversagen führen.

Rezidivierenden Lungenembolien mit progressiver Obliteration der Lungenstrombahn führen zum Cor pulmonale, wobei die Prognose vom pulmonalarteriellen Druck (5-Jahres-Überlebensrate 30% bei PA-Druck 30–50 mmHg, etwa 10% bei PA-Druck >50 mmHg) bzw. dem Schweregrad der Rechtsherzinsuffizienz und dem Ausmaß der Hypoxämie bestimmt wird.

10.3.2 Operationsindikation

Im Zeitalter der Lyse ist nur noch selten eine Indikation für eine operative Thrombektomie bei akuter Lungenembolie gegeben. Sie kann gestellt werden, wenn der Patient keine Kontraindikationen für die Verwendung einer Herz-Lungen-Maschine hat und eine schwere bis fulminante Lungenembolie mit hämodynamisch signifikanter Obstruktion der zentralen Pulmonalarterien (50–75% des Lumens) vorliegt.

Führen rezidivierende Lungenembolien zu einer progressiven Obliteration der zentralen Pulmonalgefäße mit konsekutiver Kompromittierung der Rechtsherzfunktion, kann ebenfalls eine Indikation für eine chirurgische Sanierung gestellt werden. Die Indikation wird bei einer Verlegung der zentralen Lungenstrombahn um 50–75%, bei einem systolischen pulmonalarteriellen Druck >50 mmHg und einem pulmonalvaskulären Widerstand ab etwa 400–500 $dyn \times s/cm^5$ sowie im NYHA-Stadium III gestellt.

10.3.3 Operationsverfahren

Bei einer akuten Lungenembolie wird der Patient zunächst an eine Herz-Lungen-Maschine angeschlossen. Dies ist auch unter Reanimationsbedingungen möglich. Am flimmernden Herzen wird die Pulmonalarterie zwischen 2 Haltenähten längs eröffnet. Die zentralen Thromben können zumeist direkt gefasst werden. Mit Hilfe kleiner Ballonkatheter (Fogarty-Katheter) werden nachfolgend die nicht einsehbaren Bereiche der beiden Pulmonalarterien thrombektomiert. Hilfreich sind eine Eröffnung beider Pleuren und ein Ausmassieren der Lungen nach zentral. Abschließend werden die Pulmonalarterie wieder verschlossen, das Herz defibrilliert und die extrakorporale Zirkulation beendet.

Die so genannte chronische Lungenembolie wird ebenfalls mit Hilfe der extrakorporalen Zirkulation angegangen. Allerdings erfolgt die Thrombektomie bei chronisch rezidivierenden Lungenembolien im hypothermen Kreislaufstillstand, da der Operationssitus aufgrund der pulmonalen Rückblutung sonst zu unübersichtlich ist. Beide Pulmonalarterien werden intra- oder extraperikardial bis in die Lobärgefäße, im Unterlappenbereich evtl. sogar bis in die Segmentebene, unter Schonung des N. phrenicus präpariert. Eine Freilegung und anteriore Retraktion der oberen Hohlvene erleichtern hierbei die Exposition auf der rechten Seite. Nach Inzision der Gefäße werden die Thromben abgelöst, was oftmals nur über eine Endarteriektomie möglich ist. Mit dem Verschluss der Pulmonalgefäße werden der Kreislaufstillstand und nachfolgend auch die extrakorporale Zirkulation wieder beendet.

10.3.4 Intraoperative Probleme/Komplikationen

Intraoperative Probleme bei Thrombektomien akuter Lungenembolien entstehen in der Regel nur bei notfallmäßigen Eingriffen. Bei mehr oder weniger elektiven Operationen am flimmernden Herzen lässt sich die extrakorporale Zirkulation zumeist einfach beenden. Gelangt der Patient dagegen unter externer Herzmassage in den Operationssaal, kann die Entwöhnung von der Herz-Lungen-Maschine aufgrund der emboliebedingten rechtsventrikulären Dekompensation und der zusätzlichen reanimationsbedingten Begleitumstände schwierig sein.

Das Hauptproblem der Thrombektomien bei chronisch rezidivierenden Embolien im hypothermen Kreislaufstillstand mit weit reichender Eröffnung der Lungengefäße ist die Blutung, da die Pulmonalarterien relativ fragil sind und die Gerinnung durch den Kreislaufstillstand erheblich kompromittiert wird. Eine Schädigung des N. phrenicus kann bei adäquater Operationstechnik vermieden werden.

10.3.5 Ergebnisse

Die Ergebnisse hängen bei der akuten Lungenembolie in erster Linie von der Dringlichkeit des Eingriffs bzw. der hämodynamischen Situation des Patienten vor dem Eingriff ab. Präoperativ stabile Patienten weisen eine Letalität von etwa 5–40% auf, bei einem Eingriff unter Reanimationsbedingungen erreicht diese etwa 30–50%.

Bei chronischen Lungenembolien liegt die 30-Tage-Sterblichkeit der Thrombektomien zwischen 6 und 19%.

Anhang

1 Klappentypen

Name	Typ	Jahr
Mechanische Klappen:		
Gott	Flügel	1963
Hufnagel	Ball	1963
Magovern-Cromie	Ball	1963
Kay-Suzuki	Kippscheibe	1964
Starr Edwards 1000	Ball	1964
Starr Edwards 6000	Ball	1964
Kay-Shiley	Kippscheibe	1965
Smeloff Cutter	Ball	1966
Starr Edwards 1200	Ball	1966
Starr Edwards 6120	Ball	1966
Cross-Jones	Kippscheibe	1967
Harken P2	Kippscheibe	1967
Starr Edwards 2300	Ball	1967
Starr Edwards 6300	Ball	1967
Wada	Kippscheibe	1967
Braunwald-Cutter	Ball	1968
Braunwald-Cutter/M/T	Ball	1967
Starr Edwards 2310	Ball	1968
Starr Edwards 6310	Ball	1968
Starr Edwards 6500	Kippscheibe	1968

Name	Typ	Jahr
Björk-Shiley TSD	Kippscheibe	1969
DeBakey-Surgitool	Ball	1969
Starr Edwards 2320	Ball	1970
Starr Edwards 6520	Kippscheibe	1970
Cooley-Cutter/M/T	Kippscheibe	1971
Starr Edwards 2400	Ball	1972
Cooley-Cutter	Kippscheibe	1973
Beall	Kippscheibe	1974
Björl-Shiley	Kippscheibe	1975
Lillehei-Kaster 500/300	Kippscheibe	1975
Medtronic-Hall 7700/A,M	Kippscheibe	1977
St. Jude-Medical	Doppelflügel	1977
Omniscience	Kippscheibe	1978
Björk-Shiley MS	Kippscheibe	1981
Duromedics	Doppelflügel	1982
Derzeit verfügbar:		
St. Jude-Medical	Standard, HP, Regent, Masters	
Baxter	Starr-Edwards, Tekna, Mira	
Sulzer	Carbomedics, Top Hat, Sumit	
Medtronic	Medtronic Hall	
Medical Inc.	Omniscience, Omnicarbon	
Sorin	Monocast, Carbocast, Bicarbon	
Medical Carbon Research Inc.	On-X	
ATS Medical Inc.	ATS	
Ultrcor		
Macchi		
Chitra		
St. Vincents		
GuangDeong		

Name	Typ	Jahr
Biologische Klappen:		
Shumway Angell	Frischgewebe	1969
Hancock	Schwein	1969
Zerbini	Dura mater	1971
Carpentier	Schwein	1975
Angell-Shiley	Schwein	1976
Ionescu-Shiley	Perikard	1976
Mitroflow	Perikard	1982
Derzeit verfügbar:		
Baxter	Perimount, Carpentier-Edwards	
St. Jude-Medical	Toronto SPV, Epic, Biocor	
Medtronic	Freestyle, Mosaic, Intakt, Hancock II	
Cryolife	O'Brien, Ross	
Sulzer	Synergy, Mitroflow, Labcor	

2 Kardioplegielösungen

Bretschneider-Lösung:	Histidin	180,0 mmol/l
	Mannit	30,0 mmol/l
	Histidin × HCl (H_2O)	18,0 mmol/l
	Natriumchlorid	15,0 mmol/l
	Kaliumchlorid	9,0 mmol/l
	Magnesiumchlorid (6 H_2O)	4,0 mmol/l
	Kaliumhydrogen-2-oxoglutarat	1,0 mmol/l
	Tryptophan	2,0 mmol/l
St.-Thomas-Lösung:	Natriumchlorid	110,0 mmol/l
	Kaliumchlorid	16,0 mmol/l
	Magnesiumchlorid	16,0 mmol/l
	Natriumhydrogencarbonat	10,0 mmol/l
	Calciumchlorid	1,2 mmol/l
University of Wisconsin-Lösung:	Kaliumlactobionat	100,0 mmol/l
	Raffinose	30,0 mmol/l
	Kaliumphosphat	25,0 mmol/l
	Magnesiumsulfat	5,0 mmol/l
	Adenosin	5,0 mmol/l
	Glutathion	3,0 mmol/l
	Allopurinol	1,0 mmol/l
	HAES (Polyhydroxyethylstärke)	5,0%
	Heparin	1000 IE/l
Celsior®-Lösung:	Natriumhydroxid	100,0 mmol/l
	Laktobionat	80,0 mmol/l
	Mannitol	60,0 mmol/l
	Histidin	30,0 mmol/l
	Glutamat	20,0 mmol/l
	Kaliumchlorid	15,0 mmol/l
	Magnesiumchlorid (6 H_2O)	13,0 mmol/l
	Glutathion	3,0 mmol/l
	Calciumchlorid (2 H_2O)	0,25 mmol/l

Blutkardioplegie nach Buckberg (4:1-Mischung mit Blut):

Kalte Induktion:	Glukose × H_2O	92,42 mmol/l
	Kaliumchlorid	34,91 mmol/l
	Natriumchlorid	16,12 mmol/l
	Trometamol	14,45 mmol/l
	Natriumcitrat × 2 H_2O	2,60 mmol/l
	Natriumdihydrogenphosphat × 2 H_2O	0,47 mmol/l
	Zitronensäure × 2 H_2O	0,45 mmol/l
Kalte Reinfusion:	Glukose × H_2O	96,93 mmol/l
	Trometamol	18,30 mmol/l
	Natriumchlorid	16,90 mmol/l
	Kaliumchlorid	12,21 mmol/l
	Natriumcitrat × 2 H_2O	2,73 mmol/l
	Natriumdihydrogenphosphat × 2 H_2O	0,49 mmol/l
	Zitronensäure × 2 H_2O	0,48 mmol/l
„hot shot":	Glukose × H_2O	102,26 mmol/l
	Natriumglutamat × H_2O	28,14 mmol/l
	Natriumaspartat × H_2O	27,92 mmol/l
	Trometamol	26,61 mmol/l
	Natriumchlorid	15,55 mmol/l
	Kaliumchlorid	14,79 mmol/l
	Natriumcitrat × 2 H_2O	9,91 mmol/l
	Natriumdihydrogenphosphat × 2 H_2O	1,78 mmol/l
	Zitronensäure × 2 H_2O	1,73 mmol/l

3 Extrakorporale Zirkulation bei HIT

Danaparoid (Orgaran)

Heparinoid, das aus der Schweinedarmmukosa gewonnen wird und aus 3 verschiedenen Glykosaminoglykanen (84% Heparansulfat) besteht. Wirkt über eine Steigerung der Inaktivierung des Faktors Xa durch Antithrombin.

- Keine Neutralisierung durch Protamin
- Elimination über Leber und Niere, Halbwertszeit 25 h
- Priming der Herz-Lungen-Maschine: 3000 E
- i.v. Bolus: 100 E/kg
- Infusion: 200 E/h
  (nach Bypassbeginn bis 30 min vor Bypassende)
- Kontrollparameter: anti-FXa-Aktivität,
  Zielspiegel 1,2–1,5 E/ml

Rekombinantes Hirudin

Hirudin ist ein Polypeptid, das im Speichel des Blutegels *Hirudo medicinalis* vorkommt. Es bildet mit Thrombin einen Komplex und blockiert dadurch dessen enzymatische Aktivität. Keine Neutralisierung durch Protamin.

- Halbwertszeit 1,3 h
- Priming der Herz-Lungen-Maschine: 0,2 mg/kg
- i. v. Bolus: 0,25 mg/kg
- Infusion: 0,5 mg/min
  (nach Bypassbeginn bis 15 min vor Bypassende)
- Kontrollparameter: Ecarin-Clotting-Time (ECT),
  Hirudinzielspiegel 3,5–5,0 µg/ml

4 Formeln

$\text{Body-mass-Index} = \text{Gewicht}/(\text{Körpergröße})^2$
(Normal 19–25 kg/m^2)

$\text{Körperoberfläche } [m^2] = (\text{Größe [cm]} \times \text{Gewicht [kg]})/3600^{1/2}$

(nach Mosteller [123])

$\text{Körperoberfläche } [m^2] = 0{,}024265 \times \text{Gewicht [kg]}^{0{,}5378} \times \text{Größe [cm]}^{0{,}3964}$

(nach Haycock et al. [92]).

$\text{Körperoberfläche } [m^2] = 0{,}007184 \times \text{Größe [cm]}^{0{,}725} \times \text{Gewicht [kg]}^{0{,}425}$

(nach Du Bois u. Du Bois [62])

$\text{Körperoberfläche } [m^2] = 0{,}0235 \times \text{Größe [cm]}^{0{,}42246} \times \text{Gewicht [kg]}^{0{,}51456}$

(nach Gehan u. George [78])

Durchschnittliche O_2-Aufnahme pro m^2

Alter [Jahre]	♂ [ml/min/ m^2]	♀ [ml/min/ m^2]
18	157	134
19	152	134
20–21	150	130
22–23	148	130
24–27	145	129
28–29	144	129
30–34	142	129
35–39	140	129
40–44	138	129
45–49	136	126
50–54	134	123
55–59	130	120
60–64	128	118
65–69	125	116

$$\text{HZV [l/min]} = \frac{VO_2 \times 10}{1{,}34 \times \text{Hb} \times SO_2(\text{a–v})}$$

VO_2 (Sauerstoffaufnahme) [ml/min]
= Tabellenwert × Körperoberfläche

1,34 = Hüfner-Zahl [ml/g]

SO_2 = O_2-Sättigungsdifferenz arteriovenös (keine Einheit)

$$\text{Schlagvolumen [ml]} = \frac{\text{HZV}}{\text{HF}}$$

$$\text{Herzindex [l/min und m}^2\text{]} = \frac{\text{HZV}}{\text{KÖ}}$$

Left ventricular stroke work = SV × (MAP-PC) × 0,316

$$\text{PVR [dyn} \times \text{s/cm}^5\text{]} = \frac{\text{PA}_{\text{mittel}}\text{-PC}}{\text{HZV}} \times 80$$

$$\text{SVR [dyn} \times \text{s/cm}^5\text{]} = \frac{\text{RR}_{\text{mittel}}\text{-ZVD}}{\text{HZV}} \times 80$$

$$\text{Mitralklappengradient [mmHg]} = \frac{\text{HZV}/(\text{DFZ} \times \text{HF})}{37{,}7\sqrt{\text{MDG}}}$$

(Gorlin-Formel)

$$\text{Aortenklappengradient [mmHg]} = \frac{\text{HZV}/(\text{SAZ} \times \text{HF})}{44{,}5\sqrt{\text{MG}}}$$

(Gorlin-Formel)

$$\text{Blutvolumen} = \frac{(2626 \times \text{KÖ}) + (74 \times \text{Gewicht})}{2}$$

$$\text{Erwarteter Hämatokrit} = \frac{\text{Hk}_{\text{aus}} \times \text{BV}}{\text{PV} + \text{BV}}$$

Abkürzungen:
BV: Blutvolumen
DF: Diastolische Füllungsdauer pro Herzschlag
HF: Herzfrequenz
Hk_{aus}: Hämatokritausgangswert
KÖ: Körperoberfläche
MDG: mittlerer diastolischer Gradient
MG: mittlerer Gradient
PV: Primingvolumen
SAZ: systolische Auswurfsdauer pro Herzschlag)

Literaturverzeichnis

1. Adamkiewicz A (1882) Die Blutgefaesse des menschlichen Rueckenmarkes. Sitzungsb Akad Mathnaturw 85:101
2. Archiniegas E, Farooki ZQ, Hakimi M, Green EW (1980) Management of anomalous left coronary artery from the pulmonary artery. Circulation 62 (suppl. I):I-180–I-189
3. Arsan S, Akgun S, Kurtoglu N, Yildrim T, Tekinsoy B (2004) Reduction aortoplasty and external wrapping for moderately sized tubular ascending aortic aneurysm with concomitant operations. Ann Thorac Surg 78:858–861
4. Bahnson HT, Newman EV (1953) Diagnosis and surgical removal of intracavitary myxoma of the right atrium. Bull Johns Hopkins Hosp 93:150
5. Baretti R, Knollmann F, Loebe M, Krabatsch T, Felix R, Hetzer R (2000) Magnetresonanztomograpie bei Trägern künstlicher Herzklappen. Z Herz- Thorax- Gefäßchir 14:117–130
6. Barnard CN (1967) The operation. A human cardiac transplant: An interim report of a successful operation performed at Groot Schuur Hospital, Cape Town. S Afr Med J 41:1271–1274
7. Barnard CN, Losman JG (1975) Left ventricular bypass. S Afr Med J 49:303–312
8. Barrat-Boyes BG (1964) Homograft aortic valve replacement in aortic incompetence and stenosis. Thorax 19:131–150
9. Batista R, Santos J, Takeshita N, Bocchino L, Lima P, Cunha M (1996) Partial left ventriculectomy to improve left ventricular function in end-stage heart disease [published erratum appears in J Card Surg 1997 Jan–Feb; 12(1):ix]. J Card Surg 11:96–97; discussion 98
10. Bentall H, De Bono A (1968) A technique for complete replacement of the ascending aorta. Thorax 23:338–339
11. Bigelow WG, Lindsay WK, Greenwood WF (1950) Hypothermia – its possible role in cardiac surgery: an investigation of factors governing survival in dogs at low body temperatures. Ann Surg 132:849–864

12. Binet JP, Duran CG, Carpentier A, Langlois J (1965) Heterologous aortic valve transplantation. Lancet 2:1275
13. Biorck G, Crafoord C (1947) Arteriovenous aneurysm of the pulmonary artery simulating patient ductus arteriosus botalli. Thorax 2:65–74
14. Bolling SF, Pagani FD, Deeb GM, Bach DS (1998) Intermediate-term outcome of mitral reconstruction in cardiomyopathy. J Throac Caradiovasc Surg 115:381–386
15. Borel JF, Feurer C, Gubler HU, Stähelin H (1976) Biological effects of cyclosporin A: a new antilymphocytic agent. Agents Actions 6:468–475
16. Borst HG, Schaudig A, Rudolph W (1964) Arteriovenous fistula of the aortic arch: Repair during deep hypothermia and circulatory arrest. J Thorac Cardiovasc Surg 48:443–447
17. Borst HG, Walterbusch G, Schaps D (1983) Extensive aortic replacement using „elephant trunk" prostheses. Thorac Cardiovasc Surg 31:37–40
18. Brawley RK (1980) Improved exposure of the mitral valve in patients with a small left atrium. Ann Thorac Surg 29:179–181
19. Brukhonenko S (1929) Circulation artificielle du sang dans l'organisme entier d'un chien avec coeur exclu. J Physiol Path Gen 27: 257–272
20. Burchell HB, Frye RL, Anderson MW, McGoon DC (1967) Atrioventricular and ventriculoatrial excitation in Wolff-Parkinson-White syndrome (type B). Temporary ablation surgery. Circulation 36:663–672
21. Cable DG, Mullany CJ, Schaff HV (1999) The Allen test. Ann Thorac Surg 67:876–877
22. Cabrol C, Pavie A, Gandjbakhch I, Villemot JP, Guiraudon G, Laughlin L, Etievent P, Cham B (1981) Complete replacement of the ascending aorta with reimplantation of the coronary arteries: new surgical approach. J Thorac Cardiovasc Surg 81:309–315
23. Carpentier A (1983) Cardiac valve surgery – The „French Correction". J Thorac Cardiovasc Surg 86:323–337
24. Carpentier A, Chavaud S, Fabiani FT, Deloche A, Relland J, Lessana A, d'Allaines C, Blondeau P, Piwnica A, Dubost C (1980) Reconstructive surgery of the mitral valve incompetence. Ten year appraisal. J Thorac Cardiovasc Surg 79:338–348
25. Carpentier A, Relland J, Deloche A, Fabiani JN, D'Allaines C, Blondeau P, Piwnica A, Chauvaud S, Dubost C (1978) Conservative management of the prolapsed mitral valve. Ann Thorac Surg 26:294–302
26. Carpentier A, Deloche A, Dauptain J, Soyer R, Blondeau P, Piwnica A, Dubost C (1971) A new reconstructive operation for correction of mitral and tricuspid insufficiency. J Thorac Cardiovasc Surg 61:1–13

27. Carr JA, Savage EB (2004) Aortic valve repair for aortic insufficiency in adults: a contemporary review and comparison with replacement techniques. Eur J Cardiothorac Surg 25:6–15
28. Caves P, Stinson E, Billingham M, Rider A, Shumway N (1973) Diagnosis of human cardiac rejection by serial cardiac biopsy. J Thorac Cardiovasc Surg 66:461–466
29. Cazeau S, Ritter P, Bakdach S, Lazarus A, Limousin M, Henao L, Mundler O, Daubert JC, Mugica J (1994) Four chamber pacing in dilated cardiomyopathy. Pacing Clin Electrophysiol 17:1974–1979
30. Cooley DA, DeBakey ME (1956) Resection of the entire ascending aorta in fusiform aneurysm using cardiac bypass. JAMA 162:1158–1159
31. Cooley DA, Belmonte BA, Zeis LB, Schnur S (1957) Surgical repair of ruptured interventricular septum following acute myocardial infarction. Surgery 41:930–937
32. Cooley DA, Liotta D, Hallman GL, Bloodwell RD, Leachman RD, Milam JD (1969) Orthotopic cardiac prosthesis for two-staged cardiac replacement. Am J Cardiol 24:723–730
33. Cosgrove DM, Arcidi JM, Rodriguez L, Stewart WJ, Powell K, Thomas JD (1995) Initial experience with the Cosgrove-Edwards Annuloplasty System. Ann Thorac Surg 60:499–503
34. Cox JL (1991) The surgical treatment of atrial fibrillation. IV. Surgical technique. J Thorac Cardiovasc Surg 101:584–592
35. Cox JL, Schuessler RB, D'Agostino HJ Jr, Stone CM, Chang B-C, Cain ME, Corr PB, Boineau JP (1991) The surgical treatment of atrial fibrillation: III. Development of a definitive surgical procedure. J Thorac Cardiovasc Surg 101:569–583
36. Cox JL, Jaquiss RD, Schuessler RB, Boineau JP (1995) Modification of the maze procedure for atrial flutter and atrial fibrillation. II. Surgical technique of the maze III procedure. J Thorac Cardiovasc Surg 110:485–495
37. Crafoord C (1995) Discussion on mitral stenosis and mitral insufficiency. Lam C (ed) Proceedings of the International Symposium on Cardiovascular Surgery, Henry Ford Hospital, Detroit. Saunders, Philadelphia, p 202
38. Daggett WM, Burwell LR, Lawson DW, Austen WG (1970) Resection of acute ventricular aneurysm and ruptured interventricular septum after myocardial infarction. N Engl J Med 283:1507–1514
39. Daily PO, Trueblood HW, Stinson EN, Wuerflein RD, Shumway NE (1970) Management of acute aortic dissections. Ann Thorac Surg 10:237–247

40. Daily PO, Johnston G, Simmons CJ, Moser KM (1980) Surgical management of chronic pulmonary embolism: surgical treatment and late results. J Thorac Cardiovasc Surg 79:523–531
41. Dake MD, Miller CD, Semba CP, Mitchell RC, Walker PJ, Linddell RP (1994) Transluminal placement of endovascular stent-graft for the treatment of descending thoracic aortic aneurysm. N Engl J Med 331:1729–1734
42. Danielson GK, Titus JL, DuShane JW (1974) Successful treatment of aortic valve endocarditis and aortic root abcesses by insertion of prosthetic valve in ascending aorta and placement of bypass grafts to coronary arteries. J Thorac Cardiovasc Surg 67:443–449
43. David TE (1987) Left ventricular rupture after mitral valve replacement: endocardial repair with pericardial patch. J Thorac Cardiovasc Surg 93:935–936
44. David TE, Feindel CM (1992) An aortic valve-sparing operation for patients with aortic incompetence and aneurysm of the ascending aorta. J Thorac Cardiovasc Surg 103:617–622
45. David TE, Uden DE, Strauss HD (1983) The importance of the mitral apparatus in left ventricular function after correction of mitral regurgitation. Circulation 68 (suppl 2):76–82
46. David TE, Feindel CM, Bos J (1995) Repair of the aortic valve in patients with aortic insufficiency and aortic root aneurysm. J Thorac Cardiovasc Surg 109:345–352
47. De Bonis M, Lapenna E, La Canna G, Grimaldi A, Maisano F, Torracca L, Caldarola A, Alfieri O (2004) A novel technique for correction of severe tricuspid valve regurgitation due to complex lesions. Eur J Cardiothorac Surg 25:760–765
48. DeBakey ME (1971) Left ventricular bypass pump for cardiac assistance. Clinical experience. Am J Cardiol 27:3–11
49. DeBakey ME (1999) A miniature implantable axial flow vantricular assist device. Ann Thorac Surg 68:637–640
50. DeBakey ME, Cooley DA (1953) Successful resection of aneurysms of thoracic aorta and replacement by graft. JAMA 152:673–676
51. DeBakey ME, Cooley DA, Creech OJ (1955) Surgical considerations of dissecting aneurysm of the aorta. Ann Surg 142:586
52. DeBakey ME, Creech O Jr, Morris GC Jr (1956) Aneurysm of thoracoabdominal aorta involving the celiac, superior mesenteric, and renal arteries: Report of four cases treated by resection and homograft replacement. Ann Surg 144:549–573
53. DeBakey ME, Crawford ES, Cooley DA, Morris GC Jr (1957) Successful resection of fusiform aneurysm of aortic arch with replacement by homograft. Surg Gynecol Obstet 105:657

54. DeBakey ME, Henly WS, Cooley DA, Morris GC, Crawford ES, Beall AC (1965) Surgical management of dissecting aneurysms of the aorta. J Thorac Cardiovasc Surg 49:130–149
55. DeVega NG (1972) La anuloplastia selectiva, regulable y permanente: una technica original para el tratamiento de la insuficiencia tricuspide. Rev Esp Cardiol 25:555–556
56. DeVries WC (1988) The permanent artificial heart. JAMA 259:849–859
57. Doll N, Kiaii BB, Fabricius AM, Bucerius J, Kornherr P, Krakor R, Gummert JF, Walther T, Mohr FW (2003) Intraoperative left atrial ablation (for atrial fibrillation) using a new argon cryocatheter: early clinical experience. Ann Thorac Surg 76:1711–1715
58. Dor V, Saab M, Coste P, Lornaszeweska M, Montiglio F (1989) Left ventricular aneurysm: A new surgical approach. Thorac Cardiovasc Surg 37:11–19
59. Doty DB, Arcidi JMJ (2000) Methods of graft size selection in aortic valve-sparing operations. Ann Thorac Surg 69:648–650
60. Dreyfus G, Guillemain R, Couetil JP (1988) First clinical use of a new biventricular bridging support: The Abiomed BVS system 5000. J Heart Transplant 84:7
61. Dreyfus G, Jebara V, Mihaileanu S, Carpentier AF (1991) Total orthotopic heart transplantation: an alternative to the standard technique. Ann Thorac Surg 52:1181–1184
62. Du Bois D, Du Bois EF (1916) A formula to estimate the approximate surface area if height and weight be known. Arch Intern Med 17:863–871
63. Duran CG, Ubago JL (1976) Clinical and hemodynamic performance of a totally flexible prosthetic ring for atrioventricular valve reconstruction. Ann Thorac Surg 22:458–463
64. Effler DB, Groves LK, Sones FM, Kolff WJ (1956) Elective cardiac arrest in open heart surgery. Report of three cases. Cleveland Clin Quart 23:105–114
65. Elefteriades JA (2002) Natural history of thoracic aortic aneurysms; indications for surgery, and surgical versus nonsurgical risks. Ann Thorac Surg 74:S1877–S1880
66. Elmquist R, Senning A (1960) Implantable pacemaker for the heart. In: Smyth C (ed) Medical electronics proceedings of the second international conference on medical electronics. Iliffe & Sons, Paris
67. Erbel R, Alfonso F, Boileau C, Dirsch O, Eber B, Haverich A, Rakowski H, Struyven J, Radegran K, Sechtem U, Taylor J, Zollikofer C (2001) Diagnosis and management of aortic dissection. Eur Heart J 22:1642–1681

68. Erdheim J (1929) Medionecrosis aortae idiopathica. Virchow's Arch. Physiol. Anat. 273:454–479
69. Farrar DJ, Hill JD, Gray LA Jr, Pennington DG, McBride LR, Pierce WS, Pae WE, Glenville B, Ross D, Galbraith TA et al (1988) Heterotopic prosthetic ventricles as a bridge to cardiac transplantation. A multicenter study in 29 patients. N Engl J Med 11:333–340
70. Favaloro RG (1969) Saphenous vein graft in the surgical treatment of coronary artery disease: Operative technique. J Thorac Cardiovasc Surg 58:178–185
71. Follette DM, Mulder DG, Maloney JV, Buckberg GD (1978) Advantages of blood cardioplegia over continuous coronary perfusion or intermittend ischemia. Experimental and clinical study. J Thorac Cardiovasc Surg 76:604–619
72. Fontaine G, Guiraudon G, Frank R, Vedel J, Cabrol C, Grosgogeat Y (1978) The concept of re-entry and the surgical treatment of ventricular tachycardia. Ann Med Interne 129:413–417
73. Frazier OH, Duncan JM, Radovancevic B, Vega JD, Baldwin RT, Burnett CM, Lonquist JL (1992) Successful bridge to heart transplantation with a new left ventricular assist device. J Heart Lung Transplant 11:530–537
74. Frazier OH, Delgado RMr, Kar B, Patel V, Gregoric ID, Myers TJ (2004) First clinical use of the redesigned HeartMate II left ventricular assist system in the United States: a case report. Tex Heart Inst J 31:157–159
75. Furman S, Robinson G (1958) The use of an intracardiac pacemaker in the correction of total heart block. Surg Forum 9:245–248
76. Gallagher JJ, Anderson RW, Kassel J, Rice JR, Pritchett ELC, Gault JH, Harrison L, Wallace AG (1978) Cryoablation of drug-resistant ventricular tachycardia in a patient with a variant of scleroderma. Circulation 57:190–197
77. Garrett HE, Dennis EW, DeBakey ME (1973) Aortocoronary bypass with saphenous vein graft: seven-year follow-up. JAMA 223:792–794
78. Gehan EA, George SL (1970) Estimation of human body surface area from height and weight. Cancer Chemother Rep 54:225–235
79. Gibbon JH Jr (1954) Application of a mechanical heart and lung apparatus to cardiac surgery. Minn Med 37:171–180
80. Gott VL (1972) Heparinized shunts for thoracic vascular operation. Ann Thorac Surg 14:219–220
81. Gregoratos G, Cheitlin MD, Conill A, Epstein AE, Fellows C, Ferguson TBJ, Freedman RA, Hlatky MA, Naccarelli GV, Saksena S, Schlant RC, Silka MJ (1998) ACC/AHA guidelines for implantation of cardiac pacemakers and antiarrhythmic devices: a report of the

American College of Cardiology/American Heart Association Task Force on Practice Guidelines (Committee on Pacemaker Implanta-tion). J Am Coll Cardiol 31:1175–1209
82. Griepp RB, Stinson EB, Hollingsworth JF, Buehler D (1975) Prosthetic replacement of the aortic arch. J Thorac Cardiovasc Surg 70:1051–1063
83. Gsell O (1928) Wandnekrosen der Aorta als selbständige Erkrankung und ihre Beziehung zur Spontanruptur. Virchow's Arch Physiol Anat 270:1–36
84. Guilmet D, Bachet J, Goudot B, Laurian C, Gigou F, Bical O, Barbagelatta M (1979) Use of biological glue in acute aortic dissection. Preliminary clinical results with a new surgical technique. J Thorac Cardiovasc Surg 77:516–521
85. Guiraudon G, Fontaine G, Frank R, Escande G, Etievent P, Cabrol C (1978) Encircling endocardial ventriculotomy: a new surgical treatment for life-threatening ventricular tachycardias resistant to medical treatment following myocardial infarction. Ann Thorac Surg 26:438–444
86. Guiraudon GM, Campell CS, Jones DL, McLellan JL, Mac-Donald JL (1985) Combined sino-atrial node atrio-ventricular node isolation: a surgical alternative to His bundle ablation in patients with atrial fibrillation [abstract]. Circulation 72 (suppl 3):220
87. Guiraudon GM, Ofiesh JG, Kaushik R (1991) Extended vertical transatrial septal approach to the mitral valve. Ann Thorac Surg 52:1058–1062
88. Hagl C, Ergin MA, Galla JD et al (2001) Neurological outcome after ascending aorta – aortic arch operations: effect of brain protection on high-risk patients. J Thorac Cardiovasc Surg 121:1107–1121
89. Hallopeau L (1869) Rétrécissement ventriculo-aortique. Gaz Med Paris 24:683–684
90. Harken DE, Soroff HS, Taylor WJ, Lefemine AA, Gupta SK, Lunzer S (1960) Partial and complete prostheses in aortic insufficiency. J Thorac Cardiovasc Surg 40:744–762
91. Harken AH, Josephson ME, Horowitz LN (1979) Surgical endocardial resection for the treatment of malignant ventricular tachycardia. Ann Surg 190:456–460
92. Haycock GB, Schwartz GJ, Wisotsky DH (1978) Geometric method for measuring body surface area: a height-weight formula validated in infants, children and adults. J Pediatr 93:62–66
93. Hetzer R, Hennig E, Schiessler A, Friedel N, Warnecke H, Adt M (1992) Mechanical circulatory support and heart transplantation. J Heart Lung Transplant 11:S175–S181

94. Iwa T, Kazui T, Sugii S, Wada J (1970) Surgical treatment of Wolff-Parkinson-White syndrome. Kyobu Geka 23:513–518
95. Jebara VA, Mihaileanu S, Acar C, Brizard C, Grare P, Latremouille C, Chauvaud S, Fabiani JN, Deloche A, Carpentier A (1993) Left ventricular outflow tract obstruction after mitral valve repair. Results of the sliding leaflet technique. Circulation 88:II30–II-34
96. Kay JH, Egerton WS (1963) The repair of mitral insufficiency associated with ruptured chordae tendineae. Ann Surg 157:351–360
97. Kay JH, Bernstein S, Feinstein D, Briddle M (1961) Surgical cure of Candida albicans endocarditis with open-heart surgery. N Engl J Med 264:907
98. Kay JH, Maselli-Campagna G, Tsuji HK (1965) Surgical treatment of tricuspid insufficiency. Ann Surg 162:53–58
99. Khargi K, Lemke B, Haardt H, Muller KM, Mügge A, Laczkovics A, Deneke T (2004) Concomitant anti-arrhythmic surgery, using irrigated cooled-tip radiofrequency ablation, to treat permanent atrial fibrillation in CABG patients: expansion of the indication? Eur J Cardiothorac Surg 25:1018–1024
100. Kirschner M (1924) Ein durch die Trendelenburgsche Operation geheilter Fall von Embolie der Arteria pulmonalis. Arch Klin Chir 133:312–359
101. Knaut M, Tugtekin SM, Jung F, Matschke K (2004) Microwave ablation for the surgical treatment of permanent atrial fibrillation – single center experience. Eur J Cardiothorac Surg 26:742–746
102. Kolesov VI, Potashov LV (1965) Operations on the coronary arteries. Eksp Khir Anesteziol 10:3–8
103. Konno S, Imai Y, Iida Y, Nakajima M, Tatsuno K (1975) A new method for prosthetic valve replacement in congenital aortic stenosis associated with hypoplasia of the aortic valve ring. J Thorac Cardiovasc Surg 70:909–917
104. Kottkamp H, Hindricks G, Hammel D, Autschbach R, Mergenthaler J, Borggrefe M, Breithardt G, Mohr FW, Scheld HH (1999) Intraoperative radiofrequency ablation of chronic atrial fibrillation: a left atrial curative approach by elimination of anatomic "anchor" reentrant circuits. J Cardiovasc Electrophysiol 10:772–780
105. Lam CR, Aram HH (1951) Resection of the descending thoracic aorta for aneurysm: A report of the use of a homograft in a case and an experimental study. Ann Surg 134:743–752
106. Lam CR, Geoghegan T, Lepore A (1957) Induced cardiac arrest for intracardiac surgical procedures. J Thorac Surg 30:620
107. Lemke B, Nowak B, Pfeiffer B (2005) Leitlinien zur Herzschrittmachertherapie. Z Kardiol 94:704–720

108. Lewis FS, Taufic M (1953) Closure of atrial septal defects with the aid of hypothermia: experimental accomplishments and the report of one successful case. Surgery 33:52–59
109. Likoff W, Bailey CP (1954) Ventriculoplasty: excision of myocardial aneurysm. J Am Med Assoc 158:915–920
110. Lillehei CW, Gott VL, Varco RL (1956) Direct vision correction of calcific aortic stenosis by means of pump-oxigenator and retrograde coronary sinus perfusion. Dis Chest 30:123–132
111. Liouville H (1869) Rétrécissement cardiaque sous aortique. Gaz Med Paris 24:161–163
112. Loop FD, Little BW, Cosgrove DM, Stewart RW, Goormastic M, Williams GW, Golding LAR, Gill CC, Taylor PC, Sheldon WC, Proudfit WL (1986) Influence of the internal mammary artery graft on 10-year survival and other cardiac events. N Engl J Med 314:1–6
113. Lower RR, Shumway NE (1960) Studies on the orthotopic homotransplantation of the canine heart. Surg Forum 11:18–19
114. Maisano F, Torracca L, Oppizzi M, Stefano PL, D'Addario G, La Canna G, Zogno M, Alfieri O (1998) The edge-to-edge technique: a simplified method to correct mitral insufficiency. Eur J Cardiothorac Surg 13:245–246
115. Manouguian S, Seybold-Epting W (1979) Patch enlargement of the aortic valve ring by extending the aortic incision into the anterior mitral leaflet: New operative technique. J Thorac Cardiovasc Surg 78:402–412
116. Melrose DG, Dreyer B, Bentall HH, Baker HH, Baker JBE (1955) Elective cardiac arrest. Lancet 2:21–23
117. Messmer BJ (1994) Extended myectomy for hypertrophic obstructive cardiomyopathy. Ann Thorac Surg 58:575–577
118. Miki S, Kusuhara K, Ueda Y, Komeda M, Olikita Y, Tahata T (1988) Mitral valve replacement with preservation of chordae tendineae and papillary muscles. Ann Thorac Surg 45:28–34
119. Minale C, Splittgerber FH, Reifschneider HJ (1994) Replacement of the entire thoracic aorta in a single stage. Ann Thorac Surg 57: 850–855
120. Mirowski M, Reid PR, Mower MM, Watkins L, Gott VL, Schauble JF, Langer A, Heilman MS, Kolenik SA, Fischell RE, Weisfeldt ML (1980) Termination of malignant ventricular arrhythmias with an implanted automatic defibrillator in human beings. N Engl J Med 303:322–324
121. Mohr FW, Fabricius AM, Falk V, Autschbach R, Doll N, Von Oppell U, Diegeler A, Kottkamp H, Hindricks G (2002) Curative treatment of atrial fibrillation with intraoperative radiofrequency ablation:

short-term and midterm results. J Thorac Cardiovasc Surg 123: 919–927
122. Morrow AG (1978) Hypertrophic subaortic stenosis. Operative methods utilized to relieve left ventricular outflow obstruction. J Thorac Cardiovasc Surg 76:423–430
123. Mosteller RD (1987) Simplified calculation of body surface area. N Engl J Med 317:1098
124. Nicks R, Cartmill T, Bernstein L (1970) Hypoplasia of the aortic root: the problem of aortic valve replacement. Thorax 25:339–346
125. Ostermeyer J, Breithardt G, Kolvenvach R, Borggrefe M, Seipel L, Schulte HD, Bircks W (1982) The surgical treatment of ventricular tachycardias. Simple aneurysmectomy versus electrophysiologically guided procedures. J Thorac Cardiovasc Surg 84:704–715
126. Portner PM, Oyer PE, McGregor CGA (1985) First human use of an electrically powered implantable ventricular assist system. Artif Organs 9:36
127. Rakhorst G, Hensens AG, Verkerke GJ, Blanksma PK, Bom VJ, Elstrodt J, Magielse CP, van der Meer J, Reul H (1994) In-vivo evaluation of the „HIA-VAD“: a new German ventricular assist device. Thorac Cardiovasc Surg 42:136–140
128. Reed GE, Tice DA, Clauss RH (1965) Asymmetric exaggerated mitral annuloplasty: repair of mitral insufficiency with hemodynamic predictability. J Thorac Cardiovasc Surg 49:752–761
129. Reyes AT, Frame R, Brodman RF (1995) Technique of harvesting the radial artery as a coronary artery bypass graft. Ann Thorac Surg 59:118–126
130. Roman MJ, Devereux RB, Kramer-Fox R, O'Loughlin J (1989) Two-dimensional echocardiographic arotic root dimensions in normal children and adults. Am J Cardiol 64:507–512
131. Ross DN (1967) Replacement of aortic and mitral valves with pulmonary autograft. Lancet 2:956–958
132. Ryan TJ, Klocke FJ, Reynolds WA (1990) Clinical experience in percutaneous transluminal coronary angioplasty: a statement for physicians from the ACP/ACC/AHA Task Force on Clinical Privileges in Cardiology. J Am Coll Cardiol 15:1469–1474
133. Sarsam MA, Yacoub M (1993) Remodeling of the aortic valve anulus. J Thorac Cardiovasc Surg 105:435–438
134. Scheiman MM, Morady F, Hess DS, Gonzalez R (1982) Catheter-induced ablation of the atrioventricular junction to control refractory supraventricular arrhythmias. JAMA 248:851–855
135. Schmid C, Tjan TD, Etz C, Schmidt C, Wenzelburger F, Wilhelm M, Rothenburger M, Drees G, Scheld HH (2005) First clinical experi-

ence with the Incor left ventricular assist device. J Heart Lung Transplant 24:1188–1194
136. Sealy WC, Hattler BGJ, Blumenschein SD, Cobb FR (1969) Surgical treatment of Wolff-Parkinson-White syndrome. Ann Thorac Surg 8:1–11
137. Seldinger SI (1953) Catheter replacement of the needle in percutaneous arteriography: A new technique. Acta Radiol 39:368
138. Sharp EH (1962) Pulmonary embolectomy: Successful removal of a massive pulmonary embolus with the support of cardiopulmonary bypass. A case report. Ann Surg 156:1–4
139. Shumway NE, Lower RE, Stofer RC (1959) Selective hypothermia of the heart in anoxic cardiac arrest. Surg Gynecol Obstet 109:750–754
140. Sievers HH, Weyand M, Kraatz EG, Bernhard A (1991) An alternative technique for orthotopic cardiac transplantation, with preservation of the normal anatlmy of the right atrium. Thorac Cardiovasc SURG 39:70–72
141. Sigwart U (1995) Non-surgical myocardial reduction for hypertrophic obstructive cardiomyopathy. Lancet 346:211–214
142. Starr A, Edwards ML (1961) Mitral replacement: clinical experience with a ball valve prosthesis. Ann Surg 154:726–740
143. Svensson LG, Labib SB, Elsenhäuser AC, Butterfly JR (1999) Intimal tear without haematoma. Circulation 99:1331–1336
144. Swan H, Wilson JH, Woodwark G, Blount SG (1959) Surgical obliteration of a coronary artery fistula to right ventricle. Arch Surg 79:820
145. Trendelenburg F (1908) Über die operative Behandlung der Embolie der Lungenarterie. Arch Klin Chir 86:686–700
146. Trusler GA, Moes CAF, Kidd BSL (1973) Repair of ventricular septal defect with aortic insufficiency. J Thorac Cardiovasc Surg 66:394–403
147. Vineberg AM, Miller G (1951) Internal mammary coronary anastomosis in the surgical treatment of coronary artery insufficiency. Can Med Assoc J 64:204–210
148. Viola N, Williams MR, Oz MC, Ad N (2002) The technology in use for the surgical ablation of atrial fibrillation. Semin Thorac Cardiovasc Surg 14:198–205
149. von Frey M, Gruber M (1885) Untersuchungen über den Stoffwechsel isolierter Organe. Ein Respirations-Apparat für isolierte Organe. Virchow's Arch Physiol 9:519–532

150. Wallace AG, Young WGJ, Osterhout S (1965) Treatment of acute bacterial endocarditis by valve excision and replacement. Circulation 31:450
151. Westaby S, Banning AP, Jarvik R, Frazier OH, Pigott DW, Jin XY, Catarino PA, Saito S, Robson D, Freeland A, Myers TJ, Poole-Wilson PA (2000) First permanent implant of the Jarvik 2000 heart. Lancet 356:900–903
152. Wooler GH, Nixon PGF, Grimshaw VA, Watson DA (1962) Experience with the repair of the mitral valve in mitral incompetence. Thorax 17:49–57

Sachverzeichnis

A

M

N

O

P

Q

R

S